과학의 거의 모든 것

과학, 그 안에 숨은 놀라운 비밀

The
Stunning Science of
Everything

닉 아놀드 지음 ✳ 토니 드 솔스 그림 ✳ 이충호 옮김

문학동네

옮긴이의 말

과학은 세상을 이해하는 방법이다. 우주는 어떻게 태어났고, 생명은 어떻게 출현했으며, 블랙홀은 왜 생기고, 지구와 우주의 운명은 어떻게 될 것인가와 같은 근본적인 물음에 답을 제시하는 게 바로 과학이다. 그런데 알다시피 세상에는 별의별 기괴한 것이 많다. 따라서 당연히 과학에도 기막힐 정도로 재미있고 신기한 게 많아야 할 것이다. 그런데 왜 학교에서 배우는 과학은 따분하기만 한 것일까? 그것은 선생님이 세상을 이해하는 방법 중에서 따분하고 고리타분한 것만 가르쳐 주기 때문이다. 정말로 재미있는 것은 선생님 혼자서 즐기고 있는 것이 아닐까? 아니면, 선생님도 학교에서 따분한 것만 배웠든지……. 이 책은 과학이 얼마든지 재미있고 때로는 공포 영화만큼 무서울 수도 있다는 걸 보여준다. 여러분은 그저 만화책을 읽듯이 우주의 시작에서 끝까지 주인공을 따라가다 보면, 저절로 우주의 모든 것을 이해하게 될 것이다.

과학, 그 안에 숨은 놀라운 비밀

초판인쇄 2005년 8월 20일   초판발행 2005년 8월 30일
글 닉 아놀드   그림 토니 드 솔스   옮긴이 이충호
책임편집 염현숙 원선화 이지연   디자인 송윤형 정연화
펴낸이 강병선   펴낸곳 ㈜문학동네   출판등록 1993년 10월 22일 제406-2003-000045호
주소 413-756 경기도 파주시 교하읍 문발리 파주출판도시 513-8
전자우편 kids@munhak.com   인터넷 www.kids.munhak.com
전화번호 (031) 955-8888   팩스 (031) 955-8855
ISBN 89-8281-988-6 03400

이 도서는 한국과학문화재단에서 시행하는 과학문화지원사업의 지원을
받아 출판되었습니다.

국립중앙도서관 출판시도서목록(CIP)

과학, 그 안에 숨은 놀라운 비밀 / 닉 아놀드 글 : 토니
드 솔스 그림 ; 이충호 옮김. -- 파주 : 문학동네, 2005
    p. : 삽도 :   cm

표지관칭: 과학의 거의 모든 것
원서명: The stunning science of everything
원저자명: Arnold, Nick
원저자명: De Saulles, Tony
ISBN 89-8281-988-6 03400 : ₩ 18800

400-KDC4
500-DDC21   CIP2005000934

차 례

요란한 출발

과학은 세상에 존재하는 모든 것을 다룬다. 그러니까……

그리고 그 밖에 많은 것을 다룬다. 배워야 할 것도 많고 외워야 할 것도 무지 많다! 보기만 해도 머리가 지끈지끈 아픈데 과학을 이해하라고? 초고성능 컴퓨터에 우주의 모든 과학 지식을 싹 쓸어 넣은 다음, 뇌에 연결시키면 어떨까? 어쩌면 끔찍한 부작용이 생길지도…….

다행히 아주 안전하고도 쉬운 방법이 있다. 바로 이 책을 읽는 것이다. 이 책은 과학을 아주 재미있고 머리에 쏙쏙 들어오게 설명한다. 게다가 우주에 존재하는 모든 것을 작은 것부터 하나하나 다룬다. 그러니까 1장에서 탄생하는 순간의 우주를 다루는 것은 그 순간의 우주가 세상에서 가장 작기 때문이다. 책장을 넘길수록 다루는 대상이 점점 커져서 결국에는 모든 것이 담긴 큰 그림을 맞닥뜨릴 것이다(92쪽에 그림이 있다. 하지만 절대 미리 엿보지 말 것!).
자, 이제 여러분을 과학의 세계로 안내할 주인공들을 소개하겠다.

책장을 넘길 때마다 웃느라고 배꼽이 빠질지도 모른다. 그러니 단단히 붙잡고 있도록! 그뿐이랴? 특별히 신경 쓴 컬러 그림의 생생함에 섬뜩섬뜩할 것이다. 그렇지만 너무 떨 것 없다. 그냥 한 장 한 장 넘기면서 모든 것이 어떻게 시작되었는지 알아 가면 된다. 그러면 여러분이 실제로는 할머니만큼 나이를 많이 먹었다는 사실도 알게 될 것이다.

우주를 탄생시킨 빅뱅

모든 것은 빅뱅(대폭발)에서 시작되었다. 약 137억 년 전, 아무것도 없는 데서 우주가 탄생했다.
아무것도 없는 데에서 어떻게 모든 것이 태어났냐고?
그 궁금증을 풀기 위해 색다른 실험을 하나 해 보자.

사고 실험이란, 과학자들이 머릿속에서 상상으로 하는 실험을 말한다. 이 실험에 필요한 준비물은…….

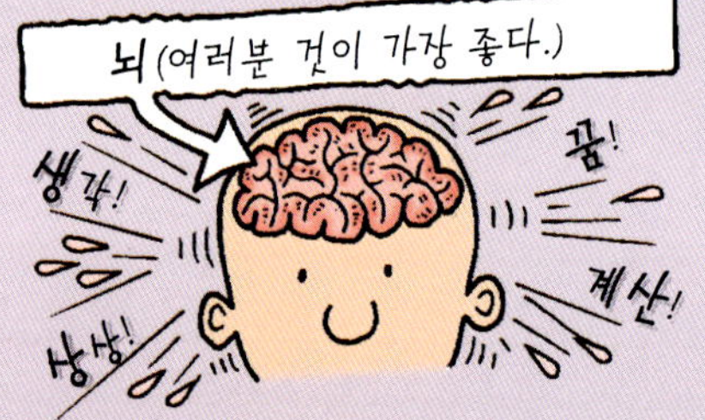

주의! 이 실험은 주변을 엉망으로 만들지는 않는다. 하지만 너무 깊이 생각하지 말도록! 뇌수가 귀로 뿜어져 나올지도 모른다.

놀라운 사고 실험:
우주를 사라지게 한 깜짝 마술!

자, 여러분은 이제 마술사다. 먼저 플러피를 사라지게 해 보자.
플러피를 모자 속에 집어넣고, 마법의 지팡이를 흔들면서,
"수리수리 마하수리 얍!"
모자 속은 텅 비어 있다! 정말 아무것도 없다.
이번에는 조금 더 어려운 마술을 부려 보자. 모자 속에 우주를 집어넣고
"사라져라, 얍!"
와우, 우주가 사라졌다! 이제 주위에 아무것도 없다. 빛도 어둠도, 시간도 공간도 없다. 아무것도 존재하지 않는다.
가만, 그러고 보니 숨쉴 공기도 없잖아!
얼른 우주를 돌려 줘!

아무것도 없는 곳에 있으면 좀 무섭겠지? 그 곳에서 주말을 보내고 싶은 사람은 없겠지? 어쨌든 우주가 태어나기 전에는 정말로 아무것도 없었다.

왜 우주가 생겨났냐고? 잠깐! 절대로 과학자에게 이런 질문을 던지지는 말도록! 그랬다간 과학자들이 입에 거품 물고 뜻 모를 소리를 마구 지껄일지도 모른다. 양자 거품 속의 가상 입자에 대해 마구 떠들어 댈지도……. 도대체 뭔 소린지! 우주가 탄생한 이유는 사실 아무도 모른다. 그렇지만 빅뱅은 정말로 대단한 사건이었다. 만약 그 때 신문이 있었더라면, 틀림없이 이 사건을 대서특필했을 것이다.

빅뱅은 '펑!' 하는 엄청난 소리와 함께 일어났을까? 아니다. 그 때는 소리를 전달하는 공기가 없었기 때문에 아빠의 코 고는 소리처럼 요란한 소리는 나지 않았다. 실망이라고?

최초의 1초

최초의 1초는 무척 바쁜 순간이었다. 갓 태어난 우주는 작은 점만 했는데,
그 짧은 순간을 거치며 지름이 수백억 킬로미터나 되는 불덩어리로 커졌다.

왜 이 순간이 중요할까?

이 격렬한 1초 동안 우주에 존재하는 모든 것의 바탕이 되는 물질이 생겨났다. 여러분의 나이가 할머니하고 같다고 했던 말을 기억하는가? 할머니와 여러분의 몸을 이루고 있는 물질이 동시에 생겨났기 때문이다.

과학자들은 물질이 에너지에서 생겨났다고 한다. 정말로 그럴까?
콩알만 한 과학자들을 빅뱅의 순간으로 보내 보자.

콩알만 한 과학자들, 빅뱅 현장으로 가다!

물질이 에너지에서 생겨났다는 게 믿어지지 않겠지만, 실제로 그렇다. 아주 높은 에너지가 발생하는 실험에서 새로운 물질이 생겨나는 게 확인되었고, 별은 물질을 에너지로 변화시켜 빛을 낸다(15쪽 참고). 이 놀라운 사실을 발견한 사람은 당연히 과학계의 스타가 되었다.

"학교 교육이 어린이의 호기심을 망가뜨리지 않은 게 놀라울 뿐이오." 짐작한 대로, 이런 소리를 한 사람이 모범생이었을 리는 없다. 아인슈타인은 다니던 학교가 마음에 들지 않아 그만두었고, 대학에 떨어지기도 했다.

시험에 떨어졌다고 해서 누구나 천재가 되는 것은 아니지만, 아인슈타인은 정말 천재였다. 1905년에 특수 상대성 이론을 생각해 냈는데, 바로 이 이론에서 에너지와 물질이 서로 바뀔 수 있다는 공식이 나온다. 아인슈타인은 그것으로 만족하지 않고 10년 뒤에 일반 상대성 이론까지 발표한다. 이것은 우주에서 중력이 어떻게 작용하는가를 설명한 이론이다. 문제아였다는 걸 생각하면 참으로 대단하지 않은가!

물질에 관한 신기한 사실

1. 물질은 아이스크림과 같다. 크림이 얼어 아이스크림이 되듯, 에너지가 식어서 얼면 물질이 된다.
2. 아주 적은 양의 물질을 만들려고 해도 엄청나게 많은 에너지가 필요하다. 가장 강력한 폭탄 100만 개를 폭발시켜야 땅콩만 한 물질을 만들 수 있을 정도. 그 땅콩은 아마 새카맣게 타겠지?
3. 물질 속에는 엄청난 에너지가 숨어 있다. 갓 태어난 아기의 몸에 있는 물질을 모두 에너지로 바꾼다면, 대형 발전소를 일 년 동안 가동시킬 수 있다.

다시 말해서 여러분과 할머니, 지구 그리고 그 밖의 모든 것(위블 행성에서 온 게으른 덜덜이까지)을 이루고 있는 물질의 기본 입자는 137억 년 전 최초의 1초 동안에 만들어졌다. 그뿐 아니다. 그 중요한 1초 동안에 우주를 지배하는 네 가지 힘도 태어났다. 이 힘들 역시 아주아주 중요한데…… 음, 힘에 대해 알고 싶다면, 손가락에 힘을 주어 이 책장을 넘겨 보라.

*그러니까 내가 너희 할머니랑 나이가 같다는 거니?
**그런데 할머니가 뭐야?

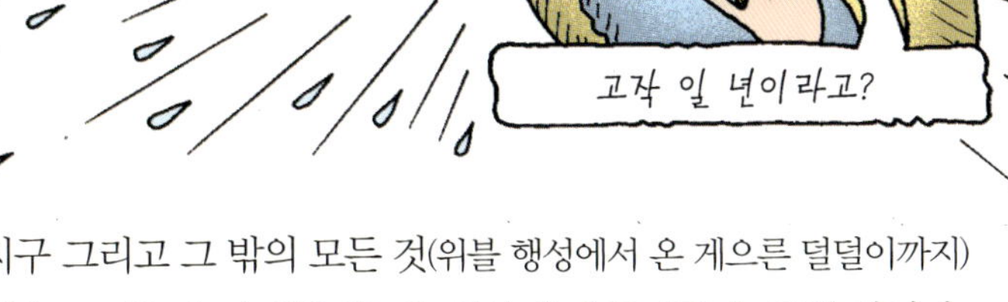

무시무시한 힘

지금 이 순간에도 힘은 모든 것을 꽉 붙들고 있다. 별에서부터 물질을 이루고 있는
아주 작은 입자에 이르기까지 모든 것을! 만약 엉덩방아를 찧거든, 힘을 탓하라!

질량은 어떤 물체를 이루고 있는 물질의 양을 말해.

원자는 물질을 이루는 아주 작은 입자고. 얼마나 작냐면, 2000만 개 이상을 일렬로 죽 늘어세워야 겨우 1cm가 될 정도야.

(이 작은 입자의 비밀을 더 자세히 알고 싶으면 12쪽으로!)

다 이해했다고? 정말 훌륭하군! 콩알만 한 과학자들과 플러피는 무사히 현재로 돌아왔다. 오자마자 이들은 힘이 어떻게 작용하는지 보여주기 위해 원자만 한 크기로 다시 작아졌다.

콩알만 한 과학자들, 힘의 세계를 경험하다!

1. 중력

중력은 물체끼리 서로 끌어당기는 힘이다. 태양의 중력은 지구가 우주 공간으로 날아가지 않게 붙들고 있고, 지구 중력은 여러분이 우주 공간으로 날아가지 않게 붙들고 있다. 물론 중력은 원자 크기에도 상관이 있다.

하지만 원자의 중력은 너무나 미약하다.

지구 중력이 어떤 물체를 끌어당기는 힘을 나타내려면 그 물체의 원자 수가 수십억 개는 되어야 해.

콩알만 한 과학자들은 강한 상호 작용을 알아보기 위해 몸을 더 줄여야했다.

2. 강한 상호 작용

강한 상호 작용은 원자핵 속에 있는 입자들을 서로 들러붙게 한단다.

약한 상호 작용은 일부 원자가 붕괴할 때 작용하는 힘이야. 이것은 일종의 방사능으로 나타나지.

3. 약한 상호 작용

*빛에 대해 더 자세한 것을 알고 싶다면 18쪽으로!

친구들에게 잘난 체할 수 있는, 힘에 관한 놀라운 사실

1. 강한 상호 작용이란 말 그대로 아주 강하기 때문에 붙여진 이름이다. 더 정확하게 말하면, 강한 상호 작용은 중력보다 100×1조×1조×1조 배나 강하다. 천만다행인 것은 강한 상호 작용이 원자핵 속의 짧은 거리에만 작용한다는 점이다! 그렇지 않았더라면, 우리는 모두 한 덩어리로 들러붙어 있을 것이다.

2. 약한 상호 작용은 확실히 강한 상호 작용보다 약하다! 그렇지만 중력보다 1조×10조 배나 강하다.

3. 지구가 여러분을 끌어당기는 중력은 여러분이 지구를 끌어당기는 중력보다 780억×1조 배나 강하다. 그래서 여러분이 팔굽혀펴기를 해도 지구가 위아래로 출렁거리지 않는다. 처음으로 중력을 제대로 설명한 과학자는 정말 똑똑했다.

아이작 뉴턴은 역사상 최고의 천재 과학자로 꼽힌다. 얼마나 똑똑했는지 가끔 아침에 일어나는 것도 잊어버리고 그냥 침대에서 과학 이론을 계속 생각하곤 했다(그렇다고 지금 뭘 생각하려고 하진 마라. 어차피 내일 아침엔 그 핑계가 통하지 않을 테니까.). 뉴턴이 발표한 중력에 관한 공식에는 다음과 같은 내용이 담겨 있다.

- 물체의 질량이 클수록 중력도 더 크다.
- 두 물체 사이의 거리가 두 배로 늘어나면, 두 물체 사이에 작용하는 중력은 1/4로 줄어든다.

뉴턴은 이 모든 법칙을 알아 내고도 20년 동안 아무에게도 이야기하지 않았다. 놀랍지 않은가! 그러다가 누군가 그것에 대해 묻자 계산해 놓은 공책을 못 찾은 뉴턴은 처음부터 다시 계산하여 책으로 발표했다고. 수식이 너무 어려워 아주 똑똑한 과학자들만 이해할 수 있었단다!

우리는 계획대로 원자에 점점 가까이 다가가고 있다. 다음 장은 원자에 관한 이야기로 가득 차 있다. 잠깐! 콩알만 한 과학자들이 위험하다는 소식을 긴급 입수했다.

텅 비어 있는 원자

비록 원자가 아주 작긴 하지만, 처음 탄생하던 우주에 비하면 엄청나게 크다.
이제 우리는 원자 속을 들여다볼 것이다(작은 프라이팬으로 원자를 직접 만들어 볼 수도 있다.).

콩알만 한 과학자들, 윙윙거리는 원자 속으로 뛰어들다!

천재 과학자 자질 테스트

진실 혹은 거짓? (답은 13쪽에)

1. 원자핵을 코끼리 똥으로 생각한다면, 전자들은 몇 미터 떨어진 곳
   에서 주위를 돌고 있는 파리에 비유할 수 있다.
2. 우리 몸은 대부분 텅 비어 있다.
3. CD 플레이어를 돌리는 전류는 중성자로 이루어져 있다.
4. 전자기력이 없다면, 여러분은 질펀한 액체로 변하고 말 것이다.
5. 여러분의 엉덩이는 전자기력 때문에 의자 위에 떠 있다.

벗기면 벗길수록 믿어지지 않는 알쏭달쏭 과학의 세계

엉덩이가 의자 위에 떠 있다고? 사실이다! 전자기력은 전자와 양성자를 서로 끌어당기게 하지만, 전자끼리는 서로 밀어 내게 한다. 두 전자가 서로를 향해 전속력으로 달려가면 어떤 일이 일어나는지 알아보자.

이제 왜 엉덩이가 의자 위에 떠 있다고 하는지 알겠지? 엉덩이와 의자를 구성하는 전자들은 서로를 밀어 내고 있다. 변기에 앉으려고 할 때나 무엇을 만지려고 할 때에도 똑같은 일이 일어난다. 그 때 느껴지는 촉감은 사교성 없는 전자들이 서로를 밀어 내는 힘이다. 그 사이의 거리가 너무나도 가깝기 때문에 물체에 피부가 닿아 있다고 느끼는 것이다.

원자껍질을 깨끗이 벗겼으니, 이제 직접 요리를 할 시간이다. 다음 장에 만드는 법이 씌어 있다. 그렇지만 조심하라! 잘못하면 지구를 통째로 날려 버릴지도 모르니까.

요건 몰랐지?

원자들이 서로를 밀어 내지 않는다면, 서로를 그냥 통과할 수 있다. 원자 속은 대부분 텅 비어 있기 때문이다. 그렇다면 여러분도 유령처럼 벽을 통과할 수 있다는 이야기인데……

답 :

1. 거짓 _ 전자들은 수킬로미터 밖에나 있을 것이다. 크기도 파리보다 훨씬 작다.
2. 진실 _ 우리 몸은 원자로 이루어져 있는데, 원자는 대부분 속이 텅 비어 있다.
3. 거짓 _ 전류는 전선을 따라 움직이는 전자들로 이루어져 있으며, 아주 위험하다. 그러니 손으로 만질 생각은 절대 하지 말 것!
4. 진실 _ 이 놀라운 힘이 없다면, 몸을 이루는 전자들은 제멋대로 떨어져 나갈 것이고, 원자들은 와르르 무너지고 말 것이다. 그러니 여러분은 걸쭉한 죽처럼 변할 수밖에!
5. 진실 _ 이 장에 알쏭달쏭한 뒷이야기가 설명돼 있다.

원자를 어떻게 요리할까?

혹시 평소에 원자가 어떻게 생겼는지 몹시 궁금하지 않았는가? 그렇다면 잘 왔다!

빅뱅 때 생겨난 원자도 있고, 한참 뒤에 거대한 별 속에서 생겨난 것도 있다. 원자를 직접 만들어 보자.

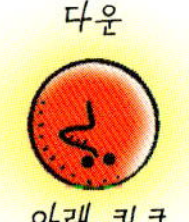

하하호호 우스운 우주 요리책

★요리 비법 1: 빅뱅 맛 수소 원자 만들기

아주 작고 단순한 이 원자는 어느 때라도 간식으로 먹기에 좋다. 어디다 두었는지 기억하기만 한다면…….

준비물

큰 그릇, 아주 작은 프라이팬, 숟가락, 아주 작고 뜨거운 우주

재료

위 쿼크 1개

아래 쿼크 2개

전자 1개

파슬리

소금과 후추

요리 방법

1. 우주를 100억 도로 가열한 다음, 빅뱅을 일으킨다.

2. 큰 그릇에 쿼크를 담아 고루 섞는다.

3. 쿼크들을 아주 잠깐 가열하면, 강한 상호 작용이 쿼크들을 결합시켜 양성자를 만든다.

   주의: 위 쿼크 2개와 아래 쿼크 1개를 섞으면 양성자가 아니라 중성자가 생긴다.

4. 38만 년 동안 식힌 다음, 전자 하나를 넣고 다른 성분으로 양념을 친다.

   축하한다! 여러분은 지금 수소 원자 요리를 만들어 냈다. 최초의 원자인 수소는 바로 이런 방식으로 만들어졌다.

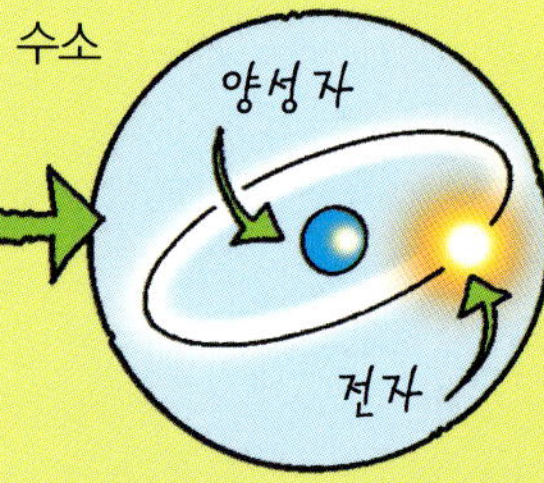

빅뱅은 큰 성공을 거두었으나, 어딘가 허전하다. 빅뱅 직후 원소는 단 세 종류(수소, 헬륨 그리고 극소량의 리튬)뿐이었는데, 생명이 탄생하려면 그 밖에도 많은 원소가 필요했다. 다행히도, 약 2억 년 후 큰 별들 속에서 그 밖의 원소들이 만들어지기 시작했다.

하하호호 우스운 우주 요리책

★요리비법 2: 온갖 다양한 원소 만들기

맛있는 원자 요리를 내놓아 친구들을 감동시켜 보라. 염려할 것 없다. 큰 돈이 들진 않을 테니까.
그렇지만 지구를 날려 보낼지도 모르니 조심할 것(4단계 참고).

준비물

큰 그릇, 아주 작은 프라이팬, 숟가락,
폭발하는 큰 별 하나

재료

수소와
토마토케첩

요리 방법

1. 스위치를 켜 별에 불을 밝힌다. 별은 수소 원자들을 짓눌러 그 속에 든 양성자들을 서로 들러붙게 하는데, 여기서 헬륨이 만들어진다(헬륨 원자핵은 양성자 2개와 중성자 2개로 이루어져 있다.). 이 과정에서 일부 물질은 열과 빛 에너지로 변한다(주의: 이것은 여러분의 집을 따뜻하게 해 줄 수도 있지만, 홀랑 태워 버릴 수도 있다.).

2. 수소를 모두 사용해 500억 도가 될 때까지 별을 가열한다. 그러기까지는 약 1100만 년이 걸릴 것이다.

3. 그러면 별의 중력이 헬륨을 짓눌러 거기서 탄소, 산소, 질소 등의 새 원소가 만들어진다.

4. 101만 2017년 후, 별이 폭발하면서 지구를 파괴할 것이다. 친구들을 불러 멋진 장면을 함께 즐기는 것도 좋겠지.

이제 어떻게 되었는지 알겠지? 우리 몸을 이루고 있는 원자들은 대부분 수십억 년 이전에 폭발한 별 속에서 만들어진 것이다.

나쁜 원소들

수많은 원소 중 음식에 넣어서는 안 될 나쁜 원소들을 알려 줄까?
나쁜 원소 목록은 미친 화학자의 비밀 노트에 있다.

3. 끔찍한 방사능

음, 뭐니뭐니해도 최고 악당이라면 방사능을 만들어야 한다. 방법은 간단하다. 우라늄 같은 방사성 원소에 중성자를 충돌시키기만 하면 되니까. 그러면 우라늄이 쪼개지면서 그 조각들이 옆에 있는 다른 우라늄 원자에 충돌하고, 거기서 나온 조각들이 또다른 우라늄 원자에 충돌한다. 이렇게 연쇄 반응이 일어나면, 치명적인 X선과 감마선이 엄청 생겨난다.
흐흐흐…… 그래, 다음 파티 땐 방사능 폭탄으로 손님들을 날려 보내겠어!

음, 도대체 무슨 소릴까? 원자를 쪼개는 실험을 집에서 해 보란 말인가?! 꿈도 꾸지 마라! 절대로!! 침대에서 원자 폭탄을 터뜨리면 엄마 아빠한테 혼날뿐더러 여러분이 사는 도시가 바람과 함께 날아가게 된다. 애완용 햄스터는 심한 신경쇠약에 걸릴 테고, 쓰레기 더미가 된 도시를 치우기 위해 용돈을 몽땅 털어야 할지도 모른다. 음, 아무래도 이 이야기는 이쯤에서 마무리 짓는 게 좋겠다.

원소에 관한 흥미로운 사실

1. '탄탈'이라는 원소는 제우스의 아들인 탄탈로스에서 그 이름을 따 왔다. 탄탈로스는 신들의 비밀을 흘린 벌로 지옥의 연못에 묶이는 형벌을 받았다. 물이 바로 턱 아래에 있었지만, 마실 수는 없었다고. 탄탈로스가 물을 마시기 힘들었던 것처럼 탄탈 원소도 파악하기가 무척 어렵다.

2. 지구에서 가장 희귀한 원소는 프랑슘이다. 지구상에 존재하는 원자의 수가 고작 20개밖에 되지 않는다(이 책 어딘가에 나머지 프랑슘 원자 19개가 숨어 있다. 잘 찾아보라!).

3. 지구에서 가장 풍부한 원소는 산소이다. 산소가 있어야 숨을 쉴 수 있으니까! 둘째로 많은 원소는 규소(실리콘)인데, 우리 몸에는 아무 쓸모가 없다.

4. 우리 몸의 99%는 겨우 세 가지 원소로 이루어져 있다. 수소가 63%를 차지하고, 산소가 25.5%, 탄소가 9.5%를 차지한다.

요건 몰랐지?

우리 몸의 신경이 제대로 작용하려면 칼륨과 칼슘이 소량 필요하다. 또, 우리 몸에는 화산에서 나온 황도 아주 적게 들어 있다.

어디에 있는 어떤 원자이건 간에(여러분의 코끝에 있는 것이건 게으른 덜덜이의 왼쪽 눈알에 있는 것이건) 모든 원자는 한 가지 공통점이 있다. 바로 전자기력을 만들어 낸다는 것! 여러분이 TV를 볼 수 있는 것도 다 전자기력 때문이다. 무슨 말인지 어리둥절하다면, 다음 장을 보라.

죽음의 빛과 아주 강렬한 에너지 광선

전자기력은 원자가 흩어지지 않게 꽉 붙들고,
여러분의 엉덩이가 의자 위에 떠 있게 하는 힘이다. 그 밖에 또 어떤 일들을 할까?

글쓴이의 따뜻한 귀띔:
전자기력을 이해하는 방법은 두 가지가 있습니다. 하나는 간단한 설명을 읽는 것이고, 또 하나는 다양한 전자기 파장과 광자가 나오는 끔찍하게 어려운 과학책을 읽는 것이지요. 여러분은 뭘 선택하겠어요?

간단한 설명

전자기력을 에너지 광선이라고 상상하라. 에너지의 강도를 높이면, 그 광선으로 TV 신호, 빛이나 X선을 비롯해 여러 가지 흥미로운 것을 만들 수 있다. 이 환상적인 힘이 어떤 일을 할 수 있는지 알아보기 위해 오싹한 실험을 해 보자.

이집트 미라를 사용한 실험

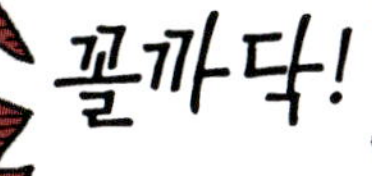

후욱! 자, 냄새를 맡아 보라. 미라는 완전히 타 버리고 말았다. 과학자의 표현을 빌린다면, 미라의 원자 일부가 공기 중의 산소와 결합하여 새로운 물질로 변했다. 이것은 다음 장에서 다룰 화학의 영역이다.

혼란스러운 화학

원자는 남과 어울리기 싫어하는 녀석들이어서, 대개는 따로따로 논다.
하지만 가끔씩 서로 들러붙을 때가 있는데, 그 때 바로 새로운 물질이 만들어진다.

이와 같은 과학자들의 정의 덕분에 과학적 사실들을 아주 그럴 듯하게 설명할 수 있다. 전혀 그럴 듯하지 않다고? 그렇다면 할 수 없지…….

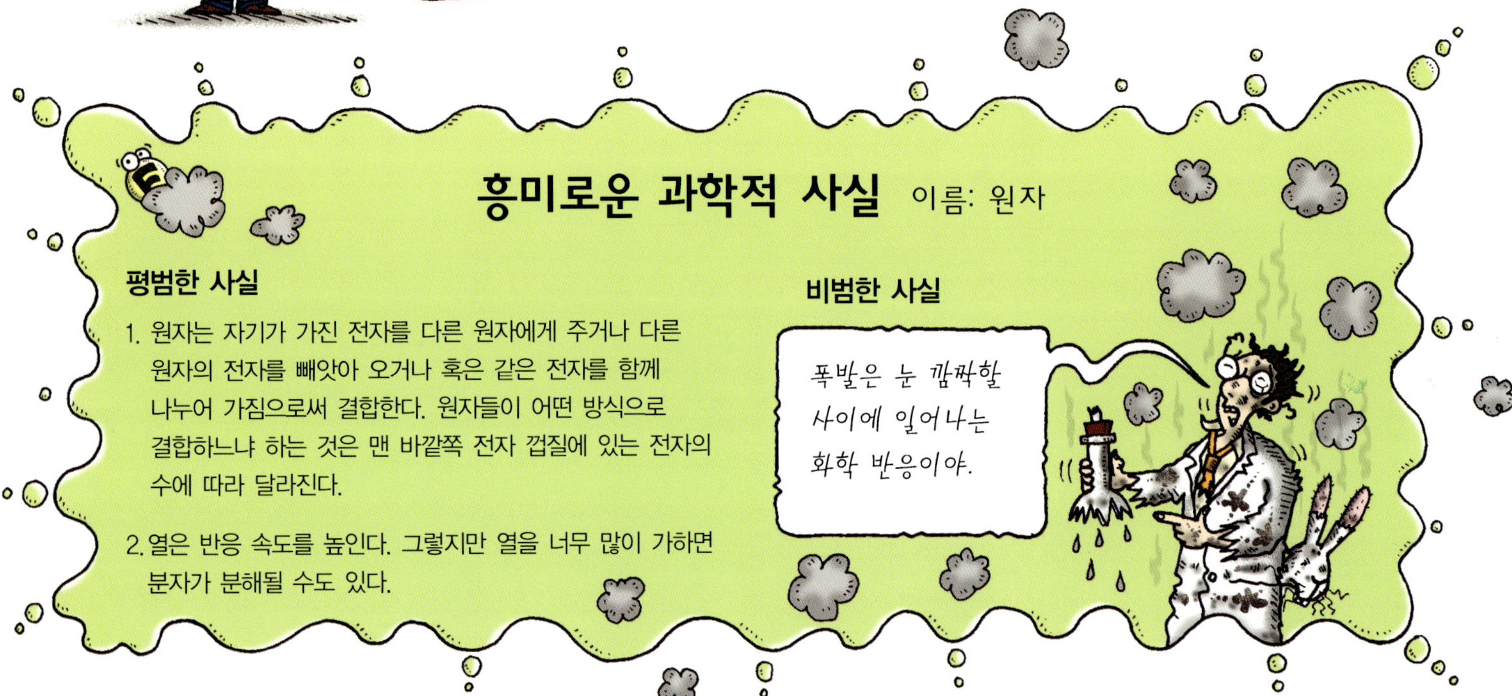

흥미로운 과학적 사실 이름: 원자

평범한 사실

1. 원자는 자기가 가진 전자를 다른 원자에게 주거나 다른 원자의 전자를 빼앗아 오거나 혹은 같은 전자를 함께 나누어 가짐으로써 결합한다. 원자들이 어떤 방식으로 결합하느냐 하는 것은 맨 바깥쪽 전자 껍질에 있는 전자의 수에 따라 달라진다.

2. 열은 반응 속도를 높인다. 그렇지만 열을 너무 많이 가하면 분자가 분해될 수도 있다.

비범한 사실

화학적 상태

좀 골치 아픈 이야기를 해 볼까? 원자와 분자는 항상 어떤 상태에 있다. 뭐 그렇다고 피곤하거나 슬프고 기쁜 상태에 있다는 이야기는 절대로 아니다. 물질의 상태는 크게 고체, 액체, 기체, 플라스마로 나눌 수 있다. 이러한 상태는 온도에 따라 달라진다.

무슨 소린지 이해가 잘 안 간다면 끔찍한 과학 실험실로 나를 따라오라. 콩알만 한 과학자들은 이제 정상으로 돌아와 커피를 마시고 있고, 플러피는 낮잠을 즐기고 있다. 지금 우리는 물질의 상태 변화를 설명하기 위해 과학자들이 마시고 있는 커피(현재는 액체 상태)에 장난을 좀 치려고 한다.

1단계: 커피를 얼리면 그 속의 분자들은 굳어서 고체 상태인 얼음으로 변한다. 음, 꽝꽝 언 커피를 마실 수는 없겠지!

2단계: 커피에 열을 가해 기체 상태로 만든다. 커피 분자들은 공중에서 자유롭게 떠다닌다. 아, 물론 기체도 마실 수는 없다.

3단계: 기체를 더욱 높은 온도로 가열하여 원자에서 전자가 떨어져 나가 서로 섞이게 한다. 이 상태를 플라스마라고 한다.

요건 몰랐지?

1. 고체 물질을 구성하는 원자들은 아름다운 모양으로 배열돼 있다. 흔히 결정이라고 불린다. 얼음 결정은 멋진 눈송이 모양을 하고 있다. 친구의 목덜미에다 얼음을 쏙 집어넣고 어떤 반응을 보이는지 살펴보는 것도 재미있겠지?(과학 연구를 위해서라는 사명감 아래! 물론 뒷일은 알아서 책임질 것!)
2. 다이아몬드는 탄소 원자들로 이루어진 결정이다. 다이아몬드 결정은 아주 단단하지만, 과학자들의 말에 따르면 수십억 년이 지나면 그 결정 모양이 무너진다고 한다. 과학자 말은 믿는 게 좋다. 다이아몬드는 영원한 것이 아니다!

크악! 이게 무슨 냄새야? 이런! 다음 장에서 풍겨 오는 냄새잖아!

기상천외한 기체

기상천외한 기체를 만나러 온 것을 환영한다! 이 장에서는 여러 가지 물질의 냄새를 맡아 보고,
우리가 죽은 사람이 내뱉은 숨을 들이마시고 있다는 놀라운 사실에 대해 알아 볼 것이다.
그전에 먼저 우주 요리 비법을 좀더 알아보기로 하자.

하하호호 우스운 우주 요리책

★요리 비법 3: 공기 만들기

집에서 만든 공기는 맛도 한결 좋고, 깨끗한 데다 신선하기까지 하다! 게다가 칼로리 걱정도 뚝!

준비물
숟가락, 대접, 폐 2개
(여러분 것이면 더욱 좋다.)

재료

질소 분자* 78개

산소 분자* 21개

다른 원자나 분자** 1개

요리 방법

1. 재료를 대접에 넣고 잘 섞는다.
2. 달아나기 전에 빨리 먹는다.
3. 숨을 깊이 들이마시면서 맛을
   음미한다.

> * 질소 분자와 산소 분자는 각각 질소 원자 2개와 산소 원자
>   2개로 이루어져 있다.
>
> ** 공기 중에 들어 있는 기체 원소들의 비율로 봐서, 이것은
>   아르곤 원자 1개나 이산화탄소 분자 1개 또는 수소 분자 1
>   개일 가능성이 높다.

아주아주 비싼 초고성능 현미경으로 공기를 퍼담은 그릇 속을 들여다보자.

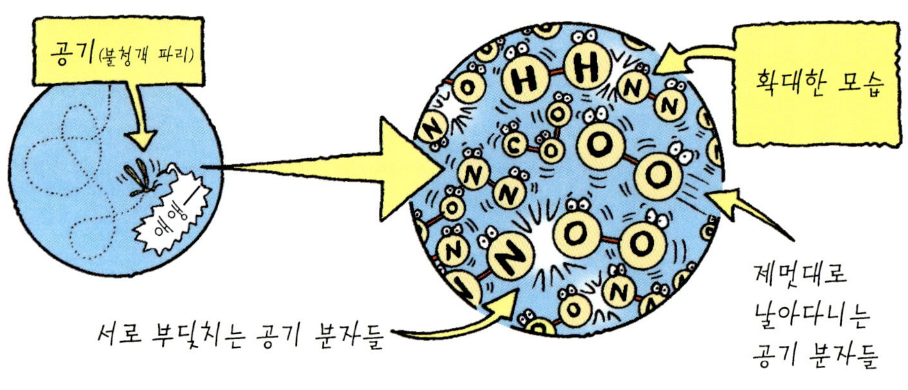

난장판이 따로 없다! 공기를 한
번 들이마실 때마다 폐 속에서
도 이와 똑같은 일이 일어난다
면 깜짝 놀라겠지? 깜짝 놀랄 일
은 이것뿐만이 아니다.

절대로 들이마시고 싶지 않은 기체 분자를 소개한다.

메스꺼운 메탄

메탄은 탄소 원자 1개와 수소 원자 4개로 이루어진 분자이다. 그래서 화학자들은 메탄 분자를 CH_4라고 쓴다.

메탄 분자는 습지에서 식물을 썩게 하거나 동물과 사람의 장 속에서 음식물을 분해하는 미생물들이 만들어 낸다. 그러니 방귀 속에 들어 있는 메탄을 조심할 것!

메탄의 세 얼굴

좋은 얼굴: 메탄 가스를 가스레인지에 연결해 쓸 수 있다. 방귀가 많이 나오는 사람이라면 변기를 개조해 가스레인지에 연결시킬 수도 있겠지?

나쁜 얼굴: 소는 우리보다 훨씬 많은 양의 메탄을 방출한다. 소 한 마리가 하루에 배출하는 메탄 가스의 양은 약 200g이다. 전 세계에 있는 모든 소가 일 년간 배출하는 메탄 가스는 약 1억 톤이나 된다고!

고약한 얼굴: 지구 환경에 아주 나쁘다. 메탄과 이산화탄소는 땅에서 방출된 열이 대기권(지구를 둘러싸고 있는 공기층) 밖으로 빠져나가지 못하게 한다. 그 결과, 지구의 온도가 높아져 기후 변동이 일어날 수 있다. 예를 들면, 지역에 따라 큰 폭풍이나 홍수 또는 가뭄이 닥치거나 기온이 아주 높게 치솟을 수 있다. 과학자들은 이러한 효과를 '온실 효과'라 부른다.

슬금슬금 흐르는 물과 액체

앞에서는 기체와 함께 마구 날아다녔으니, 이 장에서는 액체와 함께 흘러가 보자.
모든 원소는 온도만 적절하다면 액체 상태로 존재할 수 있다. 그것을 증명하기 위해 여러분이 절대로
헤엄치고 싶어하지 않을 액체를 소개한다.

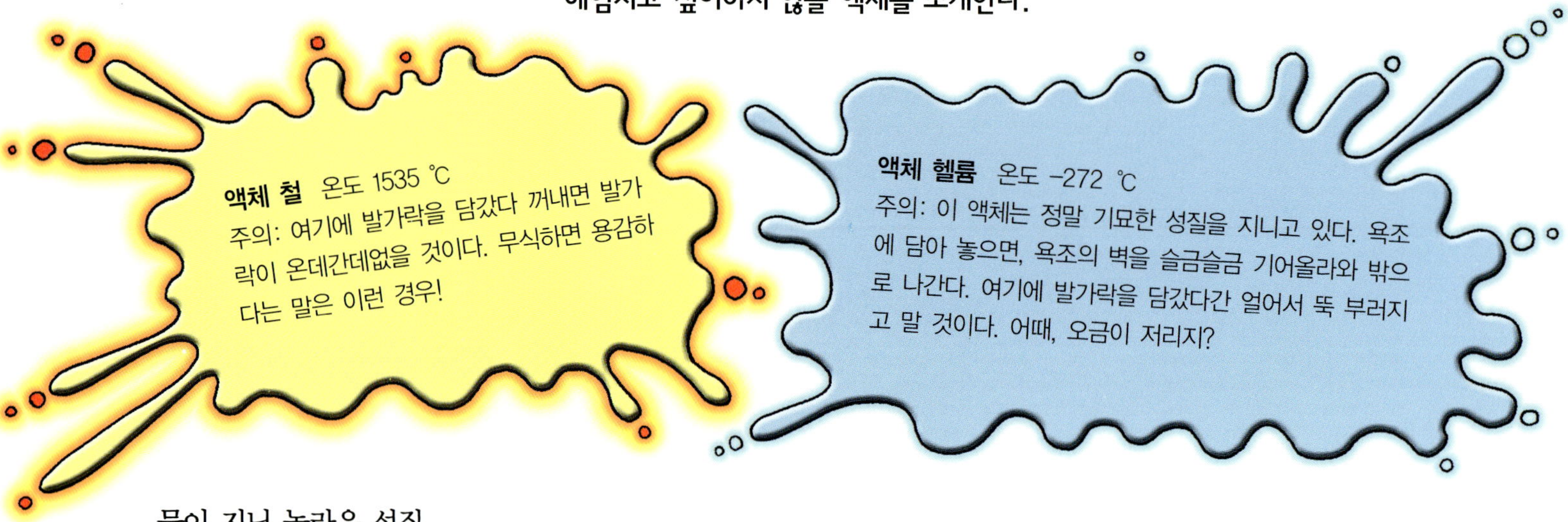

물이 지닌 놀라운 성질

액체 하면 대부분 물을 떠올린다. 자, 이번에는 콩알만 한 과학자들에게 변기 속의 물을 자세히 조사해 달라고 부탁해 볼까?

과학자들, 변기 속으로!

물 분자는 산소 원자 한 개와
수소 분자 두 개로 이루어져 있다.
그래서 물을 H₂O라고 한다.

물에 관한 흥미로운 사실

1. 물이 우리 몸을 누르는 압력을 수압이라고 한다. 수압은 물 속으로 깊이 내려 갈수록 커진다. 옛날의 잠수부들은 큰 수압을 견디기 위해 잠수복 속에 공기를 펌프질해 넣었다. 펌프가 고장이라도 나는 날에는 잠수부의 몸은 높은 수압 때문에 푹 짜부라지고 말았다. 건져 올린 잠수복 속에는 뼈만 남아 있었겠지?

2. 물 분자 속에 들어 있는 수소 원자의 핵인 양성자는 이웃 물 분자를 끌어당 긴다. 이 힘이 상당히 커서 물방울을 둥글게 만들거나 물 표면을 탄력 있게 만든다. 소금쟁이가 물 위에서 춤을 출 수 있을 정도!

3. 물은 다른 분자들하고는 그렇게 친하지 않다. 다른 분자들이 쪼개지며 물에 녹게 되는 것은 수소 원자의 양성자가 다른 분자들을 강하게 끌어당기기 때문이다. 커피에 설탕을 넣을 때 바로 이런 일이 일어난다.

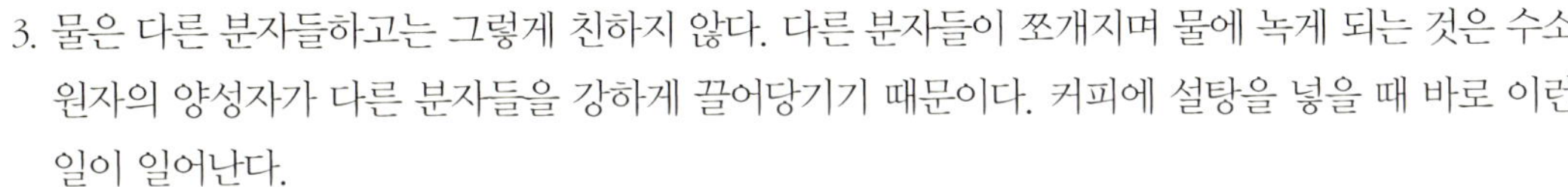

우리 몸은 출렁거리는 물주머니와 같다(몸의 약 2/3는 물로 이루어져 있고, 뇌는 80%가 물이다.). 한 사람이 평생 마시는 물의 양은 약 7만 3000리터로, 욕조 292개를 채울 수 있는 양이다. 2주일 동안 물을 전혀 마시지 않는다면? 아주 끔찍한 몰골로 죽게 될 것이다.

1905년에 파블로 발렌시아라는 남자가 애리조나 사막에서 금을 찾아 헤매다가 길을 잃고 말았다. 일 주일 동안 그가 마신 거라고는 자신의 오줌뿐이었다. 물을 마시지 못한 파블로의 몸은 어떻게 되었을까? 오른쪽 그림을 보라.

물을 한 방울도 마시지 못하는 것보다 더 최악의 상황은? 바로 물을 너무 많이 마시는 것! 욕조에 가득 찬 물을 한 시간 안에 다 마신다면, 신경 신호가 제대로 전달되지 못해 죽을 수도 있다. 안 마셔도 죽고, 많이 마셔도 죽고……. 도대체 어쩌라는 건지?

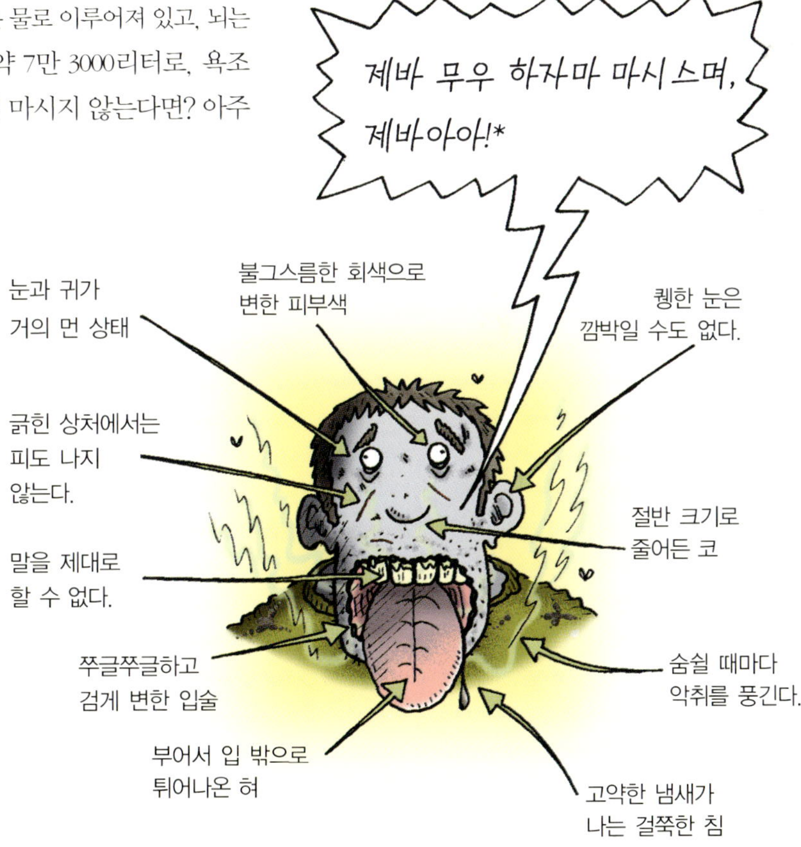

*제발 물 한 잔만 마셨으면, 제발!

신비한 우리 몸

놀랍지 않은가? 우리 몸이 여러 분자들의 결합으로 만들어졌다니!
도대체 그 분자들은 무슨 일을 할까?

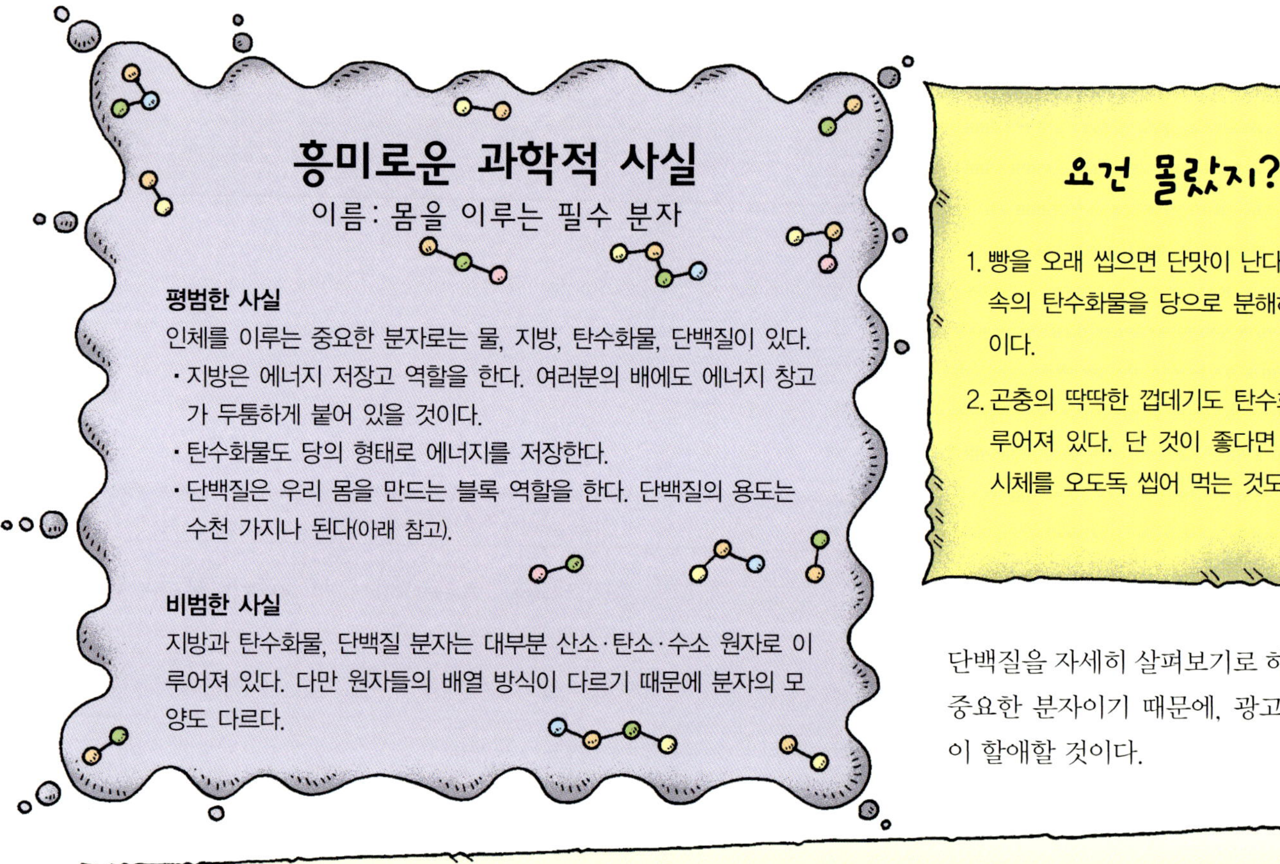

흥미로운 과학적 사실
이름: 몸을 이루는 필수 분자

평범한 사실

인체를 이루는 중요한 분자로는 물, 지방, 탄수화물, 단백질이 있다.
- 지방은 에너지 저장고 역할을 한다. 여러분의 배에도 에너지 창고가 두툼하게 붙어 있을 것이다.
- 탄수화물도 당의 형태로 에너지를 저장한다.
- 단백질은 우리 몸을 만드는 블록 역할을 한다. 단백질의 용도는 수천 가지나 된다(아래 참고).

비범한 사실

지방과 탄수화물, 단백질 분자는 대부분 산소·탄소·수소 원자로 이루어져 있다. 다만 원자들의 배열 방식이 다르기 때문에 분자의 모양도 다르다.

요건 몰랐지?

1. 빵을 오래 씹으면 단맛이 난다. 침이 빵 속의 탄수화물을 당으로 분해하기 때문이다.

2. 곤충의 딱딱한 껍데기도 탄수화물로 이루어져 있다. 단 것이 좋다면 바퀴벌레 시체를 오도독 씹어 먹는 것도 좋겠지!

단백질을 자세히 살펴보기로 하자. 너무도 중요한 분자이기 때문에, 광고 지면을 많이 할애할 것이다.

단백질—우리를 위한 분자!

살아 있는 것 같지 않다고요?
뭔가 도움이 필요하다고요?
걱정 뚝! 여러분을 위한 각종 단백질이 여기 있습니다!
수천 가지 복잡한 분자들이 수천 가지 중요한 일을 처리합니다!
여러분 몸에 있는 모든 고체 물질 중 약 3/4이 단백질이랍니다!

지금 당장 주문하세요! 피부와 뼈를 만드는 데 필요한 콜라겐을 공짜로 드립니다!
손톱과 발톱은 덤!
(이것들은 케라틴이라는 단백질로 만들어집니다.)

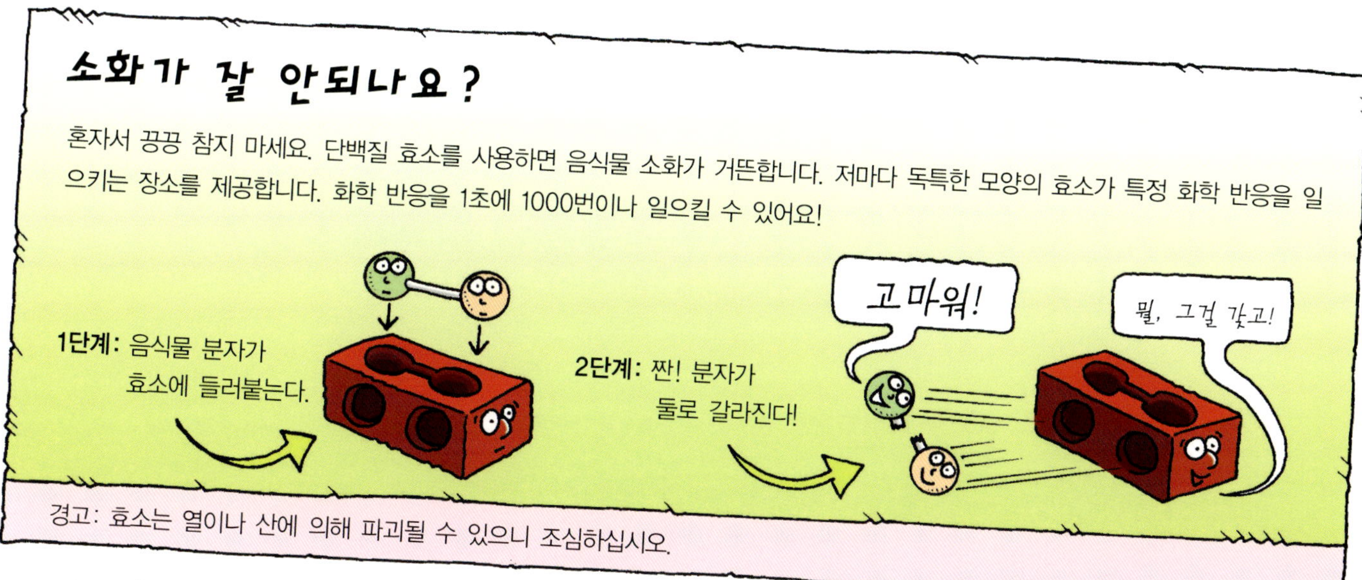

좋은 소식……

어느 가게에서나 단백질을 살 수 있다면 얼마나 좋을까? 다행히 단백질은 고기, 콩, 치즈, 생선 같은 음식물에 많이 들어 있다. 그리고 우리가 이 책을 읽고 있는 동안에도 우리 몸은 낡은 단백질을 분해하고, 아미노산이라는 작은 단백질 분자로부터 새로운 단백질을 만들어 내느라 바쁘게 움직인다.

푸르크루아는 인체의 화학 반응을 최초로 연구한 과학자 중 한 사람이다. 겁을 모르던 푸르크루아는 열과 공기, 물 그리고 산과 그 밖의 화학 물질이 썩어 가는 사람의 시체에 어떤 영향을 미치는지 연구했다. 최소한 푸르크루아는 완전히 썩어 있는 시체를 발견했다.

요건 몰랐지?

1. 시체가 썩을 때, 몸 속 단백질에서 원자들이 빠져나간다. 그 원자들은 식물에 흡수되고, 그 식물은 동물이 먹고, 그 동물은 맛있는 요리가 되어 여러분의 식탁에 올라간다. 즉, 여러분은 시체에서 빠져 나온 원자들을 먹는다는 말씀!
2. 우주에서 날아온 운석 중에는 아미노산을 포함한 것도 있다. 설마 외계인이 보낸 것은 아니겠지?

그런데 콩알만 한 과학자들은 외계인 이야기를 별로 좋아하지 않는 것 같다.

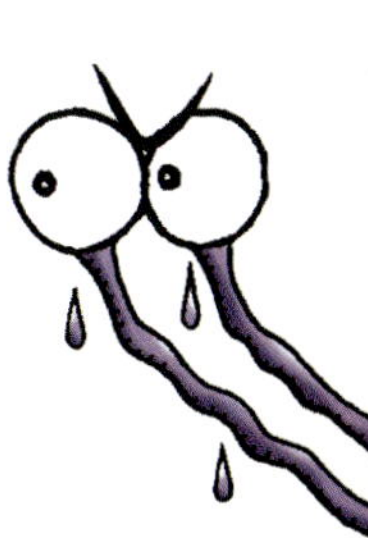

어쨌든 확실한 것은, 아미노산이 수십억 년 전에 운석에 실려 지구에 도착했고, 그것이 무시무시한 미생물로 변했다는 사실이다. 미생물은 다음 장에 떼로 등장한다.

무서운 미생물

조금 느리긴 하지만, 이 책이 다루고 있는 대상들은 갈수록 커지고 있다.
미생물은 비록 현미경을 들이대야 볼 수 있지만 앞에서 다룬 분자보다는 훨씬 크다.
미생물은 바로 이 순간에도 여러분의 코와 그 밖의……
차마 입에 담기 힘든 부위를 기어다니고 있다.

미생물은 전 세계 어디에나 살고 있으며, 공기·물·흙·식물·동물, 심지어는 우리 몸 구석구석에 살고 있다. 지금부터 미생물 식구를 하나하나 소개해 보겠다.

미생물 관찰자를 위한 안내서

이름과 특징	크기	징그러운 생활 방식
바이러스: 단백질 껍질 속에 DNA가 숨어 있다.	20만 개를 죽 세우면 1cm가 된다. 그래도 원자보다는 수백 배나 크다.	세포에 침투해 새로운 바이러스를 만들게 한다. 감기의 원인!
세균: DNA를 보관하는 별도의 장소가 없다.	5만 개를 늘어세워야 1cm가 된다. 가장 큰 세균의 길이는 1mm나 된다.	가장 큰 세균은 남조류인데, 바다에서 황을 흡수하며 살아간다.
원생동물	1~100cm 	일부는 세균이나 다른 원생동물을 잡아먹는다. 식물처럼 빛과 화학 물질을 이용해 영양분을 만드는 원생동물도 있다(46쪽 참고).

세포란, 생물의 몸을 이루고 있는 생명의 최소 단위야.
(더 자세한 내용은 46쪽과 57쪽 참고)

DNA는 생명체를 만드는 지시를 담고 있는 화학적 암호야. 세포 속에 들어 있지(58쪽 참고).

콩알만 한 과학자들은 끔찍한 은신처에 숨어 있는 미생물 조사를 위해 떠났다. 그 곳이 어디냐고?
뉴욕에서 온 사립 탐정 돈조아의 입 속이다.

미생물을 찾아 탐정의 입 속으로 들어간 과학자들

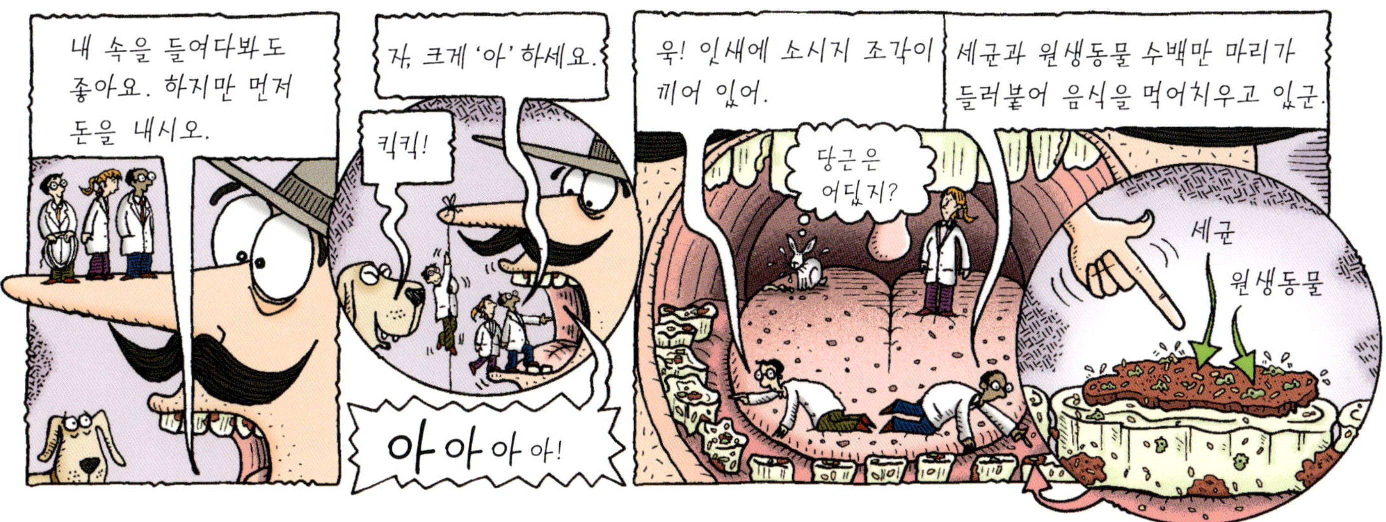

요건 몰랐지?

1. 인상 펴라! 여러분의 입과 칫솔에도 징그러운 원생동물들이 꿈틀거리고 있을 테니까. 미생물은 개의 입 속에도 살고 있다. 혹시 돈조아 탐정은 개하고 뽀뽀하는 동안 원생동물이 옮아 온 건 아닐까?

2. 세 가지 원생동물에서 각각 세포벽과 세포핵, 젤리 같은 몸을 따로 떼어 내 그것들을 서로 결합시킴으로써 새로운 원생동물을 만들 수 있다. 만약 미치광이 과학자가 사람들의 피부와 뇌와 몸을 떼어 내 새로운 사람을 만든다고 상상해 보라……

한편 돈조아 탐정의 입 속에서는…….

5만 가지가 넘는 단백질과 점보 제트기보다 더 많은 부품으로 이루어진 원생동물은 환상적인 마이크로공학의 결정체라고 할 수 있다. 그 중에서도 가장 놀라운 것은 미토콘드리아이다. 미토콘드리아는 음식물 분자로부터 에너지를 만들어 내는 미니 발전소 역할을 한다. 우리 몸 속에도 미토콘드리아가 있다. 우리 몸이 이 끈적끈적한 원생동물과 공통점이 있다니 놀랍지 않은가?

세균이 사는 세계

콩알만 한 과학자들은 끔찍한 과학 실험실로 돌아와
새로운 세균 배양 기계를 실험하고 있다.

세균은 몸이 둘로 쪼개지는 방법(이분법)으로 번식하는데, 보통 20분마다 그 수가 두 배씩 늘어난다. 음, 세균들은 계속 두 배씩 늘어나게 내버려 두고, 미생물 신문을 펼쳐 보자.

미생물 일보

주간 특집 기사
▷세균의 아름다움을 가꾸는 비결
▷미식가를 위한 쓰레기 요리 소개
▷건강을 유지하는 비결

겨드랑이에 몰아닥친 대재앙

케라티움 기자 씀

오늘 아침, 무지한 한 인간이 겨드랑이에 땀 억제제를 바르는 바람에 260만 마리의 세균이 위기에 처했다. 몸에 좋은 비타민과 무기 염류가 풍부한 땀을 맛있게 먹고 있던 세균들은 날벼락을 맞은 것이다. 수만 마리의 세균이 공포에 질려 우왕좌왕하다가 사망했다. 다행히도 기자는 거대한 밧줄을 타고 탈출할 수 있었다.(음, 그러고 보니 그 밧줄은 인간의 털이었던 것 같다.)

논평: 도대체 인간들은 정신이 있는 걸까? 요즘 들어 심심하면 온갖 화학 물질을 뿌려 대며 우리를 위협하고 있다! 이런 인간들을 우리가 좋아할 수 있겠는가?

초소형 광고

방향 감각이 없어 길을 찾기가 어려우세요?

그렇다면 항해하는 세균들이 사용하는 세균용 나침반을 사용해 보세요. 아주 작은 자침이 늘 북쪽을 알려 준답니다.

온도 때문에 불안하신가요?

끓는 물이나 얼음같이 차가운 웅덩이에 빠지는 것보다 더 끔찍한 재앙도 없지요. 새로 나온 케라티움 온도계를 하나 장만해 재앙에 미리 대비하세요.

*이 원생동물은 물이 뜨거워지면 몸에서 가시가 돋는답니다.
*배수구에서 목욕할 때 사용하면 아주 좋습니다.

오, 이런! 우리가 신문에 한눈 판 사이 세균의 수가 손을 쓸 수 없을만큼 불어났다! 세균 한 마리가 쉬지 않고 계속 분열한다면, 하루 만에 280조 마리로 불어날 수도 있다!

우리가 할 수 있는 건 단 한 가지뿐! 으아악—.
비명을 충분히 질렀다면, 세균 박멸 회사에 전화를 걸자.

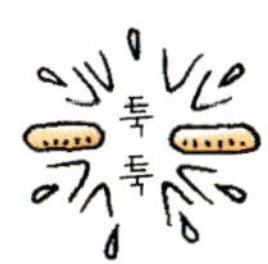

세균 퇴치 7단계

1. 이 책을 냉동실에 집어넣는다.
몇몇 세균은 얼어 죽을 것이다.

2. 책을 비눗물 속에 빠뜨린다. 비누 분자와 물이 세균을 배수구로 씻겨 내려가게 할 것이다. 비눗물은 피부를 깨끗하게 해 준다.

3. 책을 햇볕에 말린다.
자외선은 일부 세균을 죽일 것이다.

4. 염소나 표백제 같은 독으로 세균의 몸을 녹인다.

주의: 염소나 표백제는 여러분도 녹일 수 있다.
그러니 만지지 않는 게 좋겠지?

5. 책을 세균보다 더 작은 크기로 잘게 썬다. 그리고 아주 미세한 체를 사용해 세균을 따로 걸러 낸다.

6. 책에 고주파 음을 쏜다.
그러면 세균이 진동하다가 폭발할 것이다.

7. 책에 감마선을 쬔다.
(주의: 세균은 사람보다 감마선에 750배는 더 강하다.)

음, 이 정도면 깨끗해졌겠지. 자, 그러면 계속 책을 읽어도 좋다.

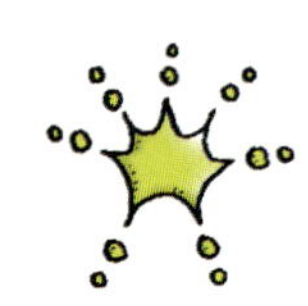

무시무시한 질병

미생물은 눈에 보이지 않을 정도로 작지만, 마음만 먹으면 하루를 엉망으로 만들 수 있다.
겨드랑이나 입에서 나는 악취 이야기가 아니다. 곧 알게 되겠지만, 일부 미생물은 치명적인 질병을 일으킬 수 있다.
아래의 이야기를 읽고 속이 거북해지지 않길 빈다!

살인자의 얼굴을 가진 미생물

- 세균은 식중독, 패혈증, 페스트, 여드름 같은 피부병을 일으킬 수 있다.
- 원생동물은 이질, 말라리아를 일으킬 수 있다.
- 바이러스는 인플루엔자, 감기, 수두, 광견병, 볼거리, 황열병을 비롯해 수많은 질병을 일으킬 수 있다.

미생물처럼 아주 작은 생물이 사람처럼 거대한 생물을 죽일 수 있다니, 정말로 놀랍지 않은가! 1922년, 가장 무서운 미생물 한 종이 스코틀랜드의 한 호텔을 습격했다. 공포의 살인범은 그 얼굴을 드러내지 않는데……

아리까리 형사의 수사 일지

공포의 호텔 사건

호텔에 투숙한 손님들이 죽어 나간다는 소식을 듣고 현장으로 달려갔다.
환자들은 사물이 둘로 보인다고도 하고 몸을 잘 움직이지도 못했다. 또한 숨을 헐떡이며, 끊임없이 침을 흘렸다.
죽음의 그림자는 몇 시간 만에 그들을 덮쳤다. 처음에는 독극물 중독이 아닐까 의심했다.

하루 전에 낚시를 다녀온 희생자들이 점심에 무엇을 먹었는지 조사해 보았다.
희생자들은 모두 다진 오리고기를 넣은 샌드위치를 먹었다고 했다.
누군가 오리 고기에 독극물을 집어넣은 것은 아닐까? 과연 누가 그런 짓을 했단 말인가? 주방장은 오리 고기가 들어 있던 병은 밀봉돼 있었다고 말했다. 주방에서 일하는 사람들 중에 손님들을 죽일 만한 이유가 있는 사람은 없었다.

과연, 독극물이 있기는 했을까?

혹시, 어떤 세균 때문에 일어난 일은 아닐까?

이 사건은 내 머리를 지끈거리게 했다. 과연 범인은 누구란 말이냐?

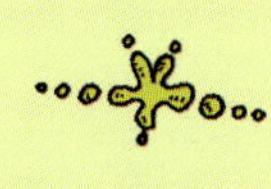
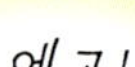

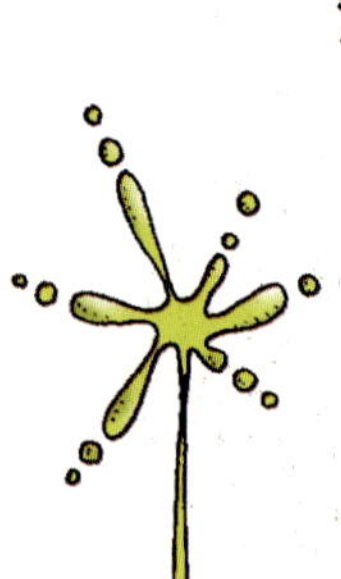

아리까리 형사는 만들어 낸 인물이지만, 나머지 이야기는 실제로 있었던 일이다. 손님 여섯 명과 배를 몰던 사람 둘이 사망했다. 도대체 어떤 미생물이 그들을 죽음으로 몰고 갔을까?

가) 재채기를 통해 전염되는 바이러스

나) 세균이 만들어 낸 독소

다) 호수에 살고 있던 독이 있는 원생동물

답: 나)
살인범이 바이러스였다면, 온 호텔 사람들이 감염되었을 것이다. 호수에 사는 원생동물이 범인이라면, 배에 탔던 모든 사람이 감염되었을 것이다. 따라서 남은 용의자는 살인범 현상 수배에 실린 바로 그 세균이다!

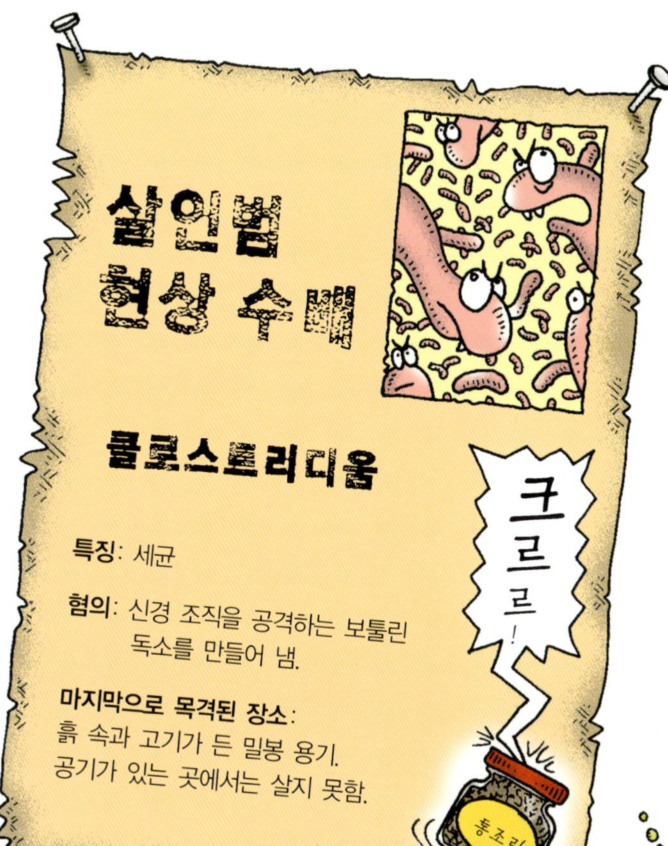

스타 과학자

루돌프 피르호
(1821~1902)

세균에 대해 깊이 연구한 독일 과학자 루돌프 피르호에게는 문제가 하나 있었다. 정치적 견해 때문에 오토 폰 비스마르크(1815~1898) 재상의 눈 밖에 난 것이다. 하루는 비스마르크가 피르호에게 결투를 신청했다. 그러자 피르호는 이렇게 말했다

"좋소. 결투 방식은 내가 정하겠소. 무기는 소시지로 합시다. 우리 둘 다 소시지를 하나씩 먹는 거요. 그 중 하나에는 치명적인 세균이 들어 있소. 세균이 들어 있는 소시지를 먹으면 고통 속에서 죽게 되겠지. 물론, 어느 소시지에 세균이 들어 있는지 아무도 알 수 없소."

결국 비스마르크는 결투를 포기했다.

요건 몰랐지?

보툴리누스 중독은 아주 드물게 일어난다. 보툴리누스는 독성이 아주 강해서 이 책장 무게의 500분의 1도 안 되는 양으로 지구상의 모든 사람을 죽일 수 있다.

무단 세입자, 집먼지진드기

아주 작은 동물들의 세계를 떠나기 전에 꼭 소개시켜 주고 싶은 친구들이 있다.
여러분도 모르는 또다른 가족, 집먼지진드기에게 인사를 하라. 귀엽지 않은가?

답: 가
집먼지진드기를 없애는 것은 매우 어렵다. 진공 청소기로 20분 동안 카펫을 열심히 빨아들이더라도, 여전히 많은 집먼지진드기가 카펫에 남아 있다. 게다가 진공 청소기의 먼지 봉투 속에서도 집먼지진드기는 잘 살아간다. 베개를 빨면 집먼지진드기가 떨어져 나가지만, 곧 더 많은 집먼지진드기가 득시글거릴 것이다. 왜냐하면 여러분 집 안에는 집먼지진드기가 넘쳐나니까.

온통 집먼지진드기 천지로군!

침대에는 집먼지진드기가 약 100만 마리나 살고 있다(집먼지진드기는 따뜻한 것을 좋아한다.). 그리고 베개에는 4만~40만 마리가 살고 있다(집먼지진드기는 여러분이 흘린 침을 좋아한다.).

진드기의 똥과 죽은 진드기가 질펀하게 널려 있다. 진드기 똥은 천식을 일으킨다.

진드기 화장실

진드기 주말 별장

진드기 밀림 어드벤처 카펫

팬티 소풍 장소

팬티에는 맛있는 피부 조각이 많이 붙어 있다.

털진드기는 고양이와 개의 몸에 붙어 산다. 그러니까 여러분은 애완동물의 털에 아주 작고 귀여운 애완동물들을 덤으로 키우고 있는 셈이다!

풍!
뿌직!
풍당!
스릴 만점인걸!
야호!
냠냠!
으악!
잉?
으르렁!

흥분하지 마라! 여러분은 지금까지 줄곧 진드기와 함께 잘 살아왔고, 진드기가 여러분에게 해를 끼친 것은 거의 없다(그러길 빈다!). 그러니까 안심하고 잠자리에 들도록 하라. 그나마 진드기가 물지 않으니 얼마나 다행인가! 다음 장에 나오는 피에 굶주린 잔인한 벌레들보다는 훨씬 나을 것 같은데…….

피에 굶주린 벌레들

겁나지 않는다니 안심이다. 앞으로 더 끔찍한 일들이 기다리고 있으니 말이다.
세상에서 가장 끔찍한 벌레들을 만나 최고로 끔찍한 습성에 대해 듣게 될 것이다.

피에 굶주린 벌레 가족

그럼, 야단법석 그만 떨고 벌레 가족들을 만나
보자. 아, 물론 그들은 따뜻한 가족이 아니다.
어떤 벌레들은 가족을 잡아먹는 걸 좋아한다.
여러분 가족은 안 그러길!

과(科)는 비슷한 종들을 모아 놓은 집단
이야(자세한 내용은 45쪽을 참고).

종(種)은 교배하여 자손을 낳을 수 있는
같은 무리의 생물 집단을 말하지.

글쓴이가 얼굴 붉히며 드리는 사과 말씀

여러분, 죄송합니다. 인쇄 사고로 벌레에 관한 사실을 소개한
아래 글 가운데 일부 단어가 빠지고 말았군요. 빠진 단어가 어
떤 것인지 짐작하시겠지요? 대신 보기를 드리죠. 아, 물론 보
기 중에는 쓸데없는 것도 있습니다. 헷갈린다고요? 당연히 그
래야죠!

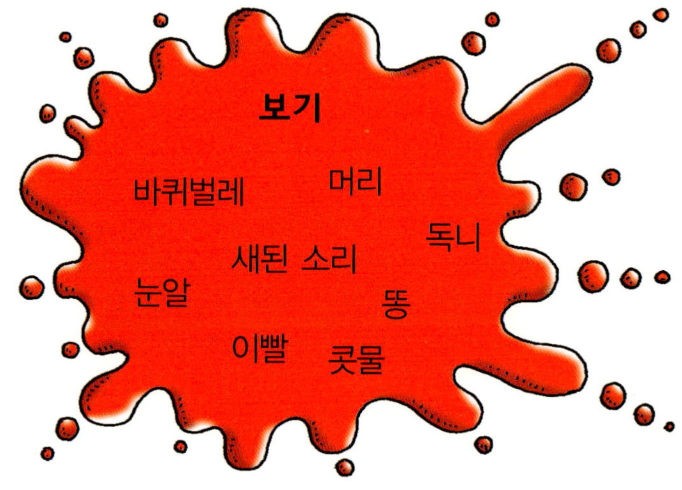

1. 운 나쁜 지렁이 지렁이는 두더지가 아주 좋아하는 먹이이다. 두더지는 지렁이의
(   )를 베어 먹고, 나머지는 지하 '식품 저장고'에 보관해 둔다.

2. 흐물흐물 연체동물 민달팽이와 달팽이는 끈적끈적한 점액을 분비해 미끄러져 나아간다.
미끈미끈한 (   ) 위에서 스케이트를 탄다고 상상해 보라. 점액 맛은 고약하지만, 굶주린
고슴도치는 달팽이와 민달팽이를 맛있게 먹어치운다.

3. 지저분한 쥐며느리 쥐며느리가 아무리 게와 바닷가재의 친척이래도, 쥐며느리를 먹고 싶지는 않을 것이다. 쥐며느리
는 밤에 활동하며 썩은 나무나 식물을 먹는다. 창자 속에 있는 세균들이 먹이를 소화하는 걸 도와주지만, 쥐며느리는 영
양분을 보충하기 위해 자신의 (   )을 먹는다.

4. 노래하는 노래기 이성을 유혹하는 노래기만의 비법을 가르쳐 주겠다. 수컷은 암컷을 유혹하기 위해 머리를 땅에다 부딪히면서 (   )를 크게 낸다. 그 노랫소리는 5미터 밖에서도 들린다. 누구, 노래 배우고 싶은 사람?

5. 잔인한 지네 지네는 노래기를 사냥하여 무서운 독니로 죽이는 걸 좋아한다. 1972년, 한 여성의 (   )에서 지네가 발견되었다. 거길 왜 들어갔을까?

6. 무시무시한 거미 거미의 종류는 약 3만 5000종이나 된다. 모두 다리가 8개이고, 입에 (   )가 나 있다. 또 여러분과 화장실을 함께 사용하길 좋아한다. 아, 물론 모든 거미는 다른 동물을 잡아먹고 살아간다. 파리들은 거미줄을 특히 조심할 것! 분명히 경고했다.

7. 곤충 모든 곤충은 다리가 6개이고, 몸이 세 부분으로 이루어져 있다. 곤충의 종류는 아주 많은데, 주요 집단으로는 개미류, 벌류, 말벌류, 나비류, 나방류, 딱정벌레류 등이 있다. 귀엽고 사랑스러운 (   )도 빼먹어서는 안 되겠지? 곤충의 종류는 너무나도 많아서 이 분야를 연구하는 사람들(일명 곤충학자들)의 일은 해도해도 끝이 없다.

답:
1. 머리. 그렇지만 두더지가 지렁이 꼬리를 베어 먹는다면, 지렁이는 꼬리가 다시 자라나 탈출할 수 있다. 2. 콧물 3. 똥
4. 새된 소리 5. 이빨 6. 독니 7. 바퀴벌레

와글와글 정원에 오신 것을 환영합니다!

공포의 집을 기억하는지? 집도 반으로 잘라 샅샅이 훑어본 마당에 정원이라고 그냥 넘어갈 순 없다. 남 앞에 나서길 몹시 싫어하는 벌레들과 식물들을 모아 정원을 새로 꾸며 보았으니, 기대하시라!

와글와글 정원의 거주자들

아마존 개미는 도둑이다. 다른 개미집을 습격해 개미 알을 훔친 뒤 알에서 깨어난 새끼들을 노예로 부려 먹는다.

오스트레일리아 불독개미를 조심하라! 서른 번쯤 물리면 죽을 수도 있다. 물린 상처에는 산이 가득 묻어 있다.

가위개미는 원예 솜씨가 일품이다. 잎을 잘게 자른 뒤 거기에 군침이 도는 곰팡이를 키운다. 자신들의 정원을 잘 가꾸기 위해 자기 똥으로 거름까지 준다.

장미가시뿔매미는 나무 가시처럼 위장해 적의 공격을 피한다. 심지어 진짜 가시가 뻗은 방향으로 몸을 뾰족하게 뻗기까지 한다. 장미의 즙을 빨아먹고 산다.

남생이잎벌레는 꼭 남생이처럼 생기…려다가 말았다. 그렇지만 괴상한 모습 덕분에 낙엽 사이에 몸을 숨기는 데 유리하다.

왕호랑나비 유충은 왕이 되…려다가 말았다. 마치 새 똥처럼 생겨서 유충을 본 새는 이렇게 생각한다 '맛있는 애벌렌가? 아니면 내 똥인가?'

침노린재는 흰개미를 잡아먹고 산다. 변장을 위해 등에다 흰개미 똥을 올려놓고 다니기까지 한다. 만약, 거대한 똥 무더기가 쫓아온다면 이 녀석이라고 생각할 것!

철도벌레는 남아메리카에 사는 딱정벌레 종의 유충이다. 이 녀석은 몸 양 옆과 머리에 빨간색 불을 켜 다른 벌레들을 위협한다. 생긴 모습은 기차처럼 생겼지만, 이 녀석을 타고 멀리 갈 수는 없다.

쇠똥구리는 새끼가 먹을 똥을 흙 속에 묻고 거기에 알을 낳는다. 심지어 어떤 쇠똥구리는 물소의 똥이 땅에 닿기도 전에 냄새로 미리 알아채고 재빨리 그 곳을 향해 달려간다.

말파리는 모기의 몸에 알을 낳는다. 그 모기가 사람을 물면, 징그러운 말파리 유충이 살 속을 파고든다. 만약 그 유충이 여러분의 머리에 자리를 잡았다면 살 파먹는 소리를 들을 수 있을 것이다.

곤충의 기묘한 생활 방식

곤충, 징그러운 생김새로 깜짝 놀래키는 동물이라고 생각할지 모르겠다.
하지만 생긴 것은 빙산의 일각일 뿐! 곤충들의 생활 방식은 기묘하기 짝이 없다

평범한 곤충의 한살이

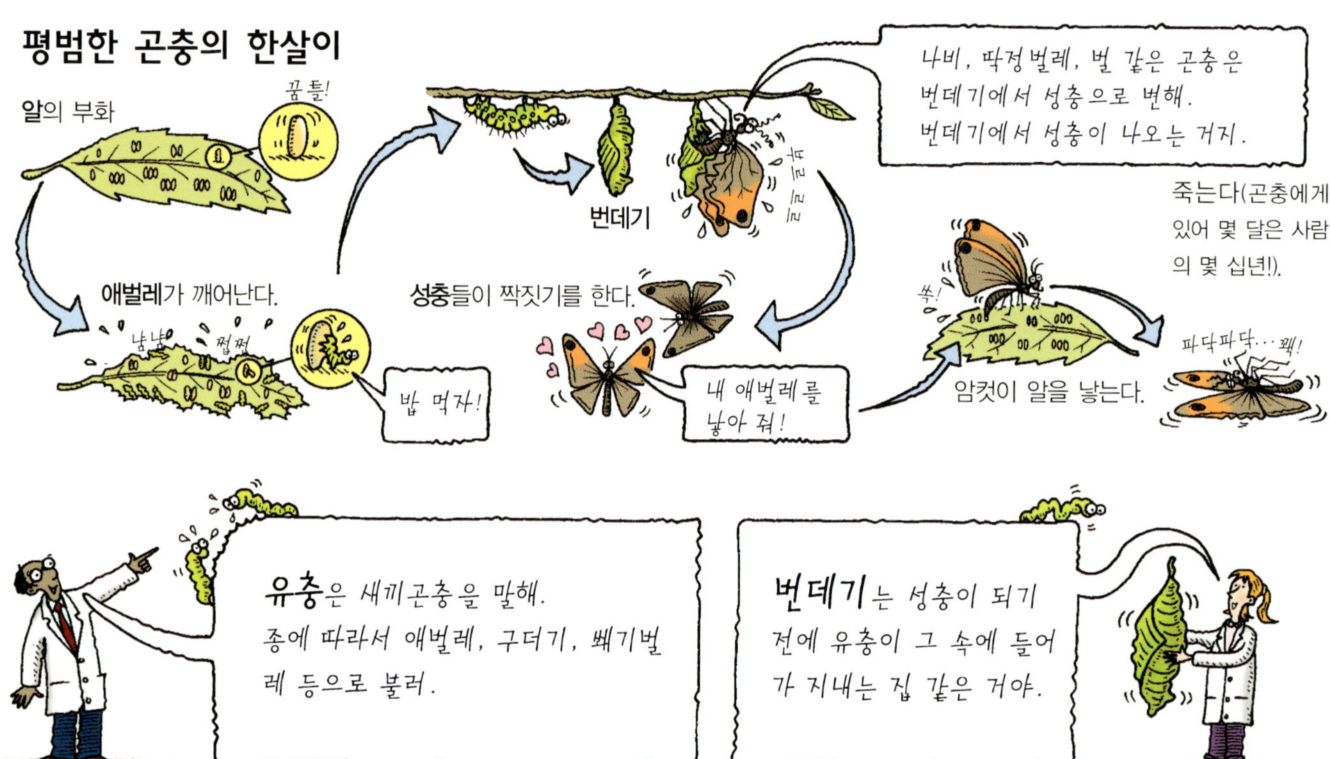

곤충과 관련된 끔찍하고 오싹한 이야기가 아주 많지만, 그걸 다 이야기하려면 아주 두꺼운 책이 필요하다. 그래서 짝짓기 단계만 간단하게 소개하려고 한다. 짝짓기는 수컷에게는 목숨을 걸어야 하는 위험한 모험이 될 수도 있다. 그래서 곤충 잡지에는 여기저기 경고문들이 실려 있다.

짝짓기에서 살아남는 비법
연애 박사 개미 기자 씀

짝짓기는 황홀하지만, 한 순간도 방심해서는 안 된다. 수컷은 짝짓기할 때 절대로 암컷의 기분을 상하게 하지 마라. 암컷에게 머리를 통째로 씹어먹힐 수도 있다! 나머지 몸통은 나중에 디저트로 먹겠지? 정말이다. 그러니 파리처럼 암컷에게 줄 먹잇감을 미리 준비해 가자. 사냥한 곤충을 은빛 줄에 정성스럽게 포장하는 것도 잊어서는 안 된다. 방심은 금물! 먹이가 마음에 들지 않으면 당신을 잡아먹을 것이다! 또 하나 명심할 것! 배고픈 암컷에겐 어떤 먹이를 갖다 주더라도 디저트로 당신까지 잡아먹을 수 있다.

무시무시한 악당 벌레

음, 그러니까 벌레끼리 서로 잡아먹기도 한다는 거로군. 동물의 세계가 그런 거지 뭐. 그러나 벌레가 우리를 공격한다면 이 야기가 달라진다. 애써 가꾼 농작물을 먹어치우는 것도 열받는데, 우리의 피까지 빨아먹으려고 한다면 펄쩍 뛸 일이 아니 겠는가! 그러면 피에 굶주린 악당 벌레에는 어떤 녀석들이 있나 알아보자. 지피지기면 백전백승!

악당 벌레 베스트 4

현상 수배

뛰어 봤자 벼룩

끔찍한 고통과 흉측한 상처를 남기는 것으로 악명 높다.

서식지: 사람의 몸과 사람이 사는 집. 처음에는 오소리 의 몸에 붙어 살다가 사람에게 옮아 온 것으로 보인다.

현상 수배

한 번 붙으면 떨어질 줄 모르는 진드기

동물의 피를 빨아먹고, 병을 옮긴다. 눈이 없으며 사람이 잠들었을 때 피를 빤다.

서식지: 열대 지방. 귓속으로 기어 들어가는 걸 좋아한다. 귀가 근질거리지 않는가!

서식지: 덤불과 풀밭

현상 수배

흡혈귀의 친척 모기

말라리아나 황열병 같은 치명적인 질병을 옮긴 전과자 이며 지금도 많은 범죄를 저지르고 돌아다닌다. 특히 47개나 되는 날카로운 이빨과 피의 응고를 막는 침으 로 중무장한 암컷이 더 위험하다.

서식지: 습기 찬 곳이라면 어디든!

현상 수배

빈대 붙는다, 빈대

몸무게의 7배나 되는 피를 빨아먹는다.

서식지: 이 게으름뱅이는 낮에는 잠만 자며 평생 침대나 여러분의 방을 떠나지 않는다.

요건 몰랐지?

1970년대에 미국 과학자들은 초소형 전파 송신기를 붙인 빈대를 베트 남 적진에 투입해 정찰 임무를 수행하게 하려고 했다. 물론 이 작전은 실패로 끝났다. 세상에나! 얼마나 어려웠으면 빈대한테 빈대 붙으려고 했을까? 결국 미국은 이 전쟁에서 졌다.

어때? 벌레의 삶이 정말 매력 적이지 않은가? 전혀라고? 살 아가는 방식은 마음에 들지 않 더라도, 그들의 능력만큼은 정 말 대단하지 않은가?

벌레들의 올림픽

벌레들은 온갖 환상적인 묘기도 보여준다.

1. 이 곳은 결승전이 펼쳐지고 있는 민달팽이 번지점프 경기장입니다. 민달팽이가 점액 밧줄에 매달려 떨어지는 멋진 묘기를 보십시오!

2. 이 곳은 역도 경기장입니다. 와우! 달팽이가 자기 몸무게의 10배나 되는 역기를 들어올리고 있군요! 제가 1톤 무게의 벽돌더미를 들어올린다고 생각해 보십시오! 말씀드리는 순간, 신기록이 나왔습니다. 쇠똥구리가 자기 몸무게의 850배나 되는 똥덩어리를 들어올렸습니다! 제가 1600톤이나 되는 똥덩어리를 든다고 생각해 보십시오. 물론 저는 눈꼽만큼도 그럴 생각이 없습니다만…….

3. 체조 경기장에서는 오스트레일리아에서 온 붉은등거미가 멋진 공중제비를 돌고 있습니다. 정말 대단한 묘기입니다. 어어어, 곧장 암컷의 입 속으로 골인하고 있군요……. 이에 질세라 바퀴벌레가 물구나무서기 묘기를 보여주고 있습니다. 윽! 꽁무니에서 독가스를 뿜어 내고 있네요! 이건 명백한 반칙입니다!

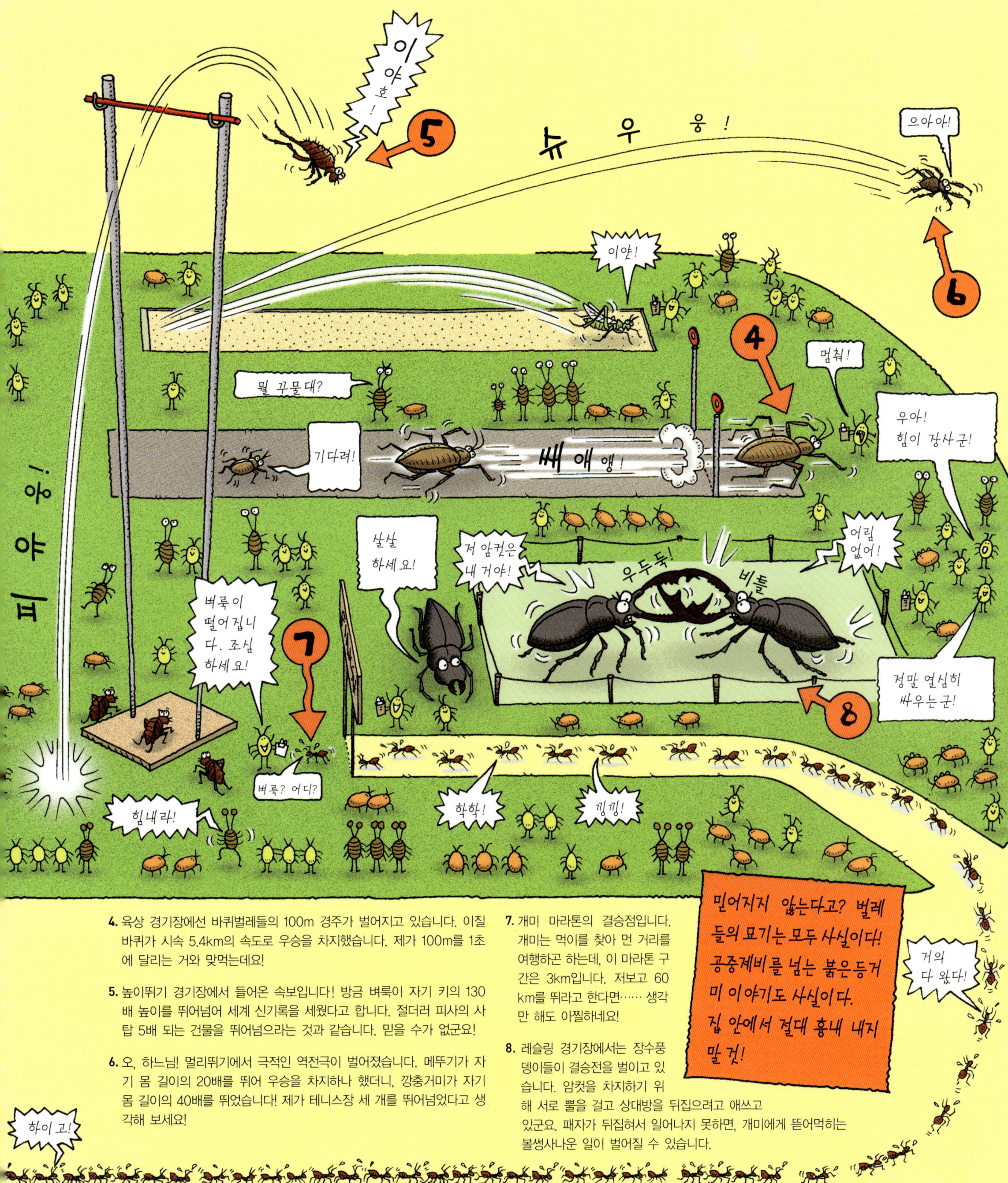

4. 육상 경기장에선 바퀴벌레들의 100m 경주가 벌어지고 있습니다. 이질 바퀴가 시속 5.4km의 속도로 우승을 차지했습니다. 제가 100m를 1초에 달리는 거와 맞먹는데요!

5. 높이뛰기 경기장에서 들어온 속보입니다! 방금 벼룩이 자기 키의 130배 높이를 뛰어넘어 세계 신기록을 세웠다고 합니다. 절더러 피사의 사탑 5배 되는 건물을 뛰어넘으라는 것과 같습니다. 믿을 수가 없군요!

6. 오, 하느님! 멀리뛰기에서 극적인 역전극이 벌어졌습니다. 메뚜기가 자기 몸 길이의 20배를 뛰어 우승을 차지하나 했더니, 깡충거미가 자기 몸 길이의 40배를 뛰었습니다! 제가 테니스장 세 개를 뛰어넘었다고 생각해 보세요!

7. 개미 마라톤의 결승점입니다. 개미는 먹이를 찾아 먼 거리를 여행하곤 하는데, 이 마라톤 구간은 3km입니다. 저보고 60km를 뛰라고 한다면…… 생각만 해도 아찔하네요!

8. 레슬링 경기장에서는 장수풍뎅이들이 결승전을 벌이고 있습니다. 암컷을 차지하기 위해 서로 뿔을 걸고 상대방을 뒤집으려고 애쓰고 있군요. 패자가 뒤집혀서 일어나지 못하면, 개미에게 뜯어먹히는 볼썽사나운 일이 벌어질 수 있습니다.

정말 놀랍지 않은가? 그렇다면 조금 더 큰 동물을 만나러 가 보자. 정말로 무서운 녀석들이 기다리고 있다!

오싹오싹 동식물

서로 먹고 먹히는 야생의 세계에 온 것을 환영한다! 야생 동식물들은 서로를 희생시키면서 살아간다.
동물의 세계에 발을 들여놓기 전에 지구상에 살고 있는 수백만 종의 생물을 어떻게 분류하는지 알아보자.

간단하고도 놀라운 분류법

생물을 과학적으로 나누는 체계는 인형 안에
작은 인형이 계속 들어 있는 러시아 인형과
비슷하다. 어떤 동식물 종은 그보다 더 큰 집
단에 들어가고, 그 집단은 다시 더 큰 집단에
들어가고, 그것은 다시……

이 멋진 방법을 맨 처음 생각해 낸 천재 과학자는 누구일까?

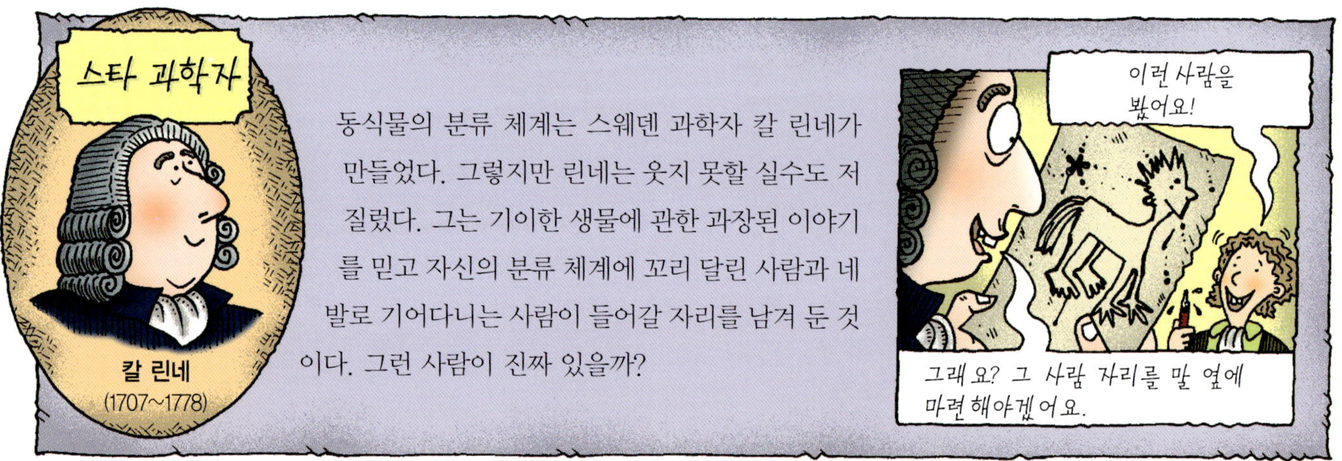

요건 몰랐지?

동식물을 체계적으로 분류한 지 250년이 지났건만, 과학자들은 모든 생물 중 97%가 아직
알려지지 않았다고 추정한다. 예를 들어 균류(곰팡이와 버섯 등)를 보자. 균류는 최소한 7만
종으로 알려져 있지만, 실제로는 180만 종, 아니 그보다 더 많이 존재할지도 모른다!

생물 분류

콩알만 한 과학자들이 생물을
어떻게 분류하는지 보여주려
고 한다.
누구, 자원할 사람?

과학자들은 이 자원자를 우선 척추동물 문(門)으로 분류해. 문은 가장 큰 분류 단위이고, 척추동물은 금붕어처럼 등뼈가 있는 동물을 말하지.

사람은 척추동물문 안에서 포유 강(綱)에 속한다. 포유류는 일정한 체온을 유지하는 정온동물이고, 몸이 털로 덮여 있으며, 새끼에게 젖을 먹여. 스컹크처럼……

더 자세하게 분류하면, 사람은 영장 목(目)에 속한단다. 영장류는 손과 발로 물건을 붙잡을 수 있고, 두 눈이 앞으로 향하고 있는 동물이야. 원숭이처럼……

더 자세하게는 넌 호모 속(屬)으로 분류돼. 속은 종들의 집단을 말하지.

아니, 하나가 더 남았어! 넌 호모 사피엔스 사피엔스라는 종(種)이야. '아주 지혜로운 사람'이란 뜻이지.

그 중에서도 넌 사람 과(科)에 속해(사람과 중에서 오직 우리만이 유일하게 살아남은 종이지.).

전 그 중에서도 공주과예요!

이제 다 됐나요?

결국 사람이란 얘기야!

진작 그럴 것이지!

그럼, 나는 어디에 속해?

어때, 상당히 복잡하지? 그렇지만 지구에는 온갖 모양과 크기를 가진 생물이 수백만 종이나 있기 때문에, 엄밀한 분류 체계를 세워 놓지 않으면 과학자들은 엄청난 혼란에 빠지게 된다. 크기라는 말이 나온 김에 아주 작은 동물과 아주 큰 동물을 살펴보면서 이 이야길 마무리 짓기로 하자.

요건 몰랐지?

1. 2004년, 미국 과학자들은 오스트레일리아의 산호초 수역인 그레이트배리어리프에서 스타우트 유치(Stout infantfish)라는 물고기를 발견했는데, 길이가 7mm밖에 되지 않았다.
2. 흰긴수염고래는 그보다 4000배나 더 크다. 흰긴수염고래는 공룡을 비롯해 지구상에 나타난 동물 중에서 가장 몸집이 크다. 몸무게는 약 130톤으로 사람 2000명의 몸무게와 맞먹는다. 심장의 무게만 해도 자동차와 비슷하고, 혓바닥 무게는 코끼리와 맞먹는다! 여러분 혀가 그만큼 무겁다면, 혀 짧은 소리를 내겠지? 아니, 소리는 낼 수 있을까?

이제 다시 와글와글 정원으로 돌아가 보자.

다시 와글와글 정원으로

안타깝게도 대부분의 벌레들은 정원을 떠났다.
다행히 식물들은 그대로 남아 있다. 오, 저런! 누가 플러피를 정원으로 들여 보냈지?
이왕 이렇게 되었으니 플러피와 상추의 차이점을 비교해 볼까?

식물과 동물의 차이점은 무엇일까?

식물은 돌아다니지 않는다. 한 곳에 뿌리를 박고 살며,
뿌리로 흙 속의 물을 빨아올린다.

동물은 가만히 있지 못한다.

식물의 세포벽은 셀룰로오스(섬유소)로
만들어졌다.

동물의 세포벽은 일종의
지방으로 만들어졌다.

식물은 녹색 잎에서 광합성을 통해
영양분을 만든다.

동물은 식물을 먹어 영양분을 섭취한다.

식물은 산소를 내뿜는다.

동물은 똥과 오줌을 배설한다.

셀룰로오스는 식물의 몸을 이루는 질긴 탄수화물을 말해.

광합성은 식물이 햇빛과 물과 공기 중의 이산화탄소로 영양분을 만드는 과정이고.

요건 몰랐지?

식물의 크기와 모양도 천차만별이다. 좀개구리밥의 일종인 월피아는 지름이 0.5cm이지만, 미국삼나무는 112m가 넘게 자란다.

이제, 우리의 정원에서 어떤 식물들이 자라고 있는지 살펴보자. 저런! 플러피는 조심하는 게 좋겠다. 사나운 식물과 맹독을 지닌 식물들이 곳곳에 있으니까!

1. 바오밥나무는 씨를 둘러싸고 있는 딱딱한 껍데기가 벗겨져 나가야 싹을 틔울 수 있다. 그러려면 비버의 뱃속에서 씨의 껍데기가 소화되어 똥으로 나와야 한다.

2. 위성류라는 아름다운 식물은 잎에 염분을 저장한다. 떨어진 잎은 토양을 염분으로 중독시켜 근처에 다른 식물이 자라지 못하게 한다. 이웃사촌 대접이 그런데 적이야 더 말할 것도 없다.

3. 남아메리카에 서식하는 무화과나무는 다른 나무를 친친 감아 조르고, 그 뿌리에서 물을 훔친다. 무화과나무에 휘감긴 나무는 서서히 죽어 간다.

4. 죽은말아룸은 죽은 말에서 나는 고약한 냄새가 난다. 냄새를 맡고 몰려온 파리들은 꽃 속에 갇혀 죽는다. 살아남은 파리는 온 몸에 꽃가루를 묻힌 채 또다른 죽은말아룸으로 날아간다. 꽃가루에는 그 식물의 DNA가 들어 있어 씨를 맺고 과실을 만드는 데 필요하다.

5. 커피나 홍차를 좋아하는지? 커피와 홍차의 원료가 되는 식물은 카페인을 만든다. 남아메리카에 서식하는 감탕나무에는 카페인이 아주 많다. 이곳 사람들은 감탕차를 마시고 뇌가 카페인에 마비되기 전에 마신 것을 토해 낸다.

6. 어리석은 파리(혹은 콩알만 한 과학자)가 파리지옥의 잎에 난 감각모를 건드렸다간 특수 세포들에서 액체가 쏟아져 나온다. 그리고 잎이 탁 닫히면서 산이 분비된다. 잎 속에 갇힌 파리는 천천히 죽처럼 변하면서 죽는다.

7. 끈끈이주걱은 잎을 구부려 곤충을 감싸 잡아먹는다. 그렇지만 끈끈이주걱도 죽은 곤충 부스러기를 훔쳐 먹는 게걸스러운 쐐기벌레들을 막지는 못한다.

8. 흰꽃독말풀의 독은 신경을 공격한다. 중독된 사람은 심한 갈증을 느끼고, 다리가 비틀거리며, 환각도 경험한다.

9. 협죽도 잎 30~40장에 들어 있는 독은 말 한 마리를 죽일 수도 있다. 다행히 맛이 지독하기 때문에 웬만큼 굶주린 말이 아니면 먹으려고도 하지 않을 것이다!

10. 사리풀의 독은 정신착란, 발작, 팔다리의 떨림, 폭력적인 행동을 유발한다. 중세 독일에서는 맥주에 사리풀을 첨가해서 흥분제로 사용했다.

위태로운 동물들

동물들의 삶은 하루하루가 위험의 연속이다. 영리한 토끼 플러피가 야생에서의 삶이
어떤 것인지 직접 보여주겠다고 나섰다. 게다가 자신의 앨범까지 보여주겠단다.
그런데 콩알만 한 과학자들은 그다지 기분이 좋아 보이지 않는다.

『월간 놀라운 과학』독점 취재

플러피, 마침내 입을 열다.

놀·과: 토끼의 삶은 어떤가요?

플러피: 글쎄요, 저는 그저 조용히 살면서 당근이나 실컷 먹었으면 좋겠어요.

행복한 한때

놀·과: 당근 말고 뭐 하고 싶은 이야기는 없나요?

플러피: 다른 동물에게 잡 아먹히는 건 정말 끔찍해요. 어디를 가나 날 노리는 녀석들뿐이에요!

◑◑위기일발의 순간들

그래도 눈이 양 옆에 달려 있어서 몰래 다가오는 녀석들을 금방 알아채죠. 발은 또 얼마나 빠르다고요!

걸음아, 나 살려라

놀·과: 당신의 삶은 정말 위험으로 가득 차 있군요.

플러피: 몸이 아프기라도 하면 엎친 데 덮친 격이에요. 게다가, 털 속에는 제 피를 빨아 먹고 사는 벼룩도 있어요.

벼룩에게 물린 흉측한 몰골

놀·과: (몸을 긁적이면서) 아야! 저도 방금 물렸어요! 끝으로 소원이 있다면?

플러피: 아빠가 되고 싶어요. 벼룩약도 좀 있었으면 좋겠어요.

이제 여러분을 즉석 동물학자로 만들어 줄 특급 비밀 세 가지를 귀띔해 주려고 한다. 이런, 어리석기 짝이 없군. 여러분은 지금 내가 무슨 말을 하는지 알아들을 리 없을 텐데…….

동물에 관한 세 가지 비밀

(이걸 다 읽기 전에는 페이지를 넘기지 말 것!)

1. 모든 동물은 서식지가 있다. 그 터전에서 먹이를 구하고, 잠을 잔다.

2. 동물은 서로 의존하며 살아간다. 육식 동물은 초식 동물을 잡아먹고 살지만 초식 동물은 육식 동물 덕분에 살아간다. 무슨 토끼풀 뜯어먹는 소리냐고?

여우가 약하고 병든 토끼를 잡아먹음으로써 강한 토끼만 살아남는다. 살아남은 토끼들은 짝짓기를 해서 튼튼하고 건강한 토끼들을 낳는다. 또, 토끼의 수가 엄청나게 불어나면 풀이 모자라 모두 굶어 죽을 수 있지만, 여우가 토끼를 적당히 잡아먹음으로써 그런 재난을 막아 준다.

3. 동물들 사이에 먹고 먹히는 복잡한 관계를 먹이 사슬(또는 먹이 연쇄)이라 부른다.

먹이 사슬

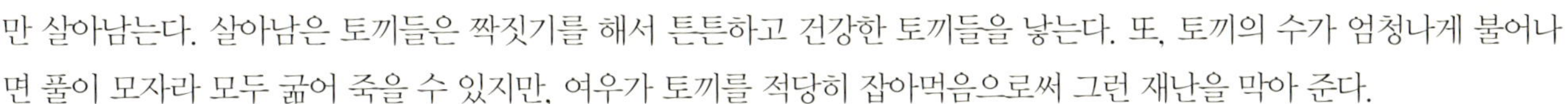
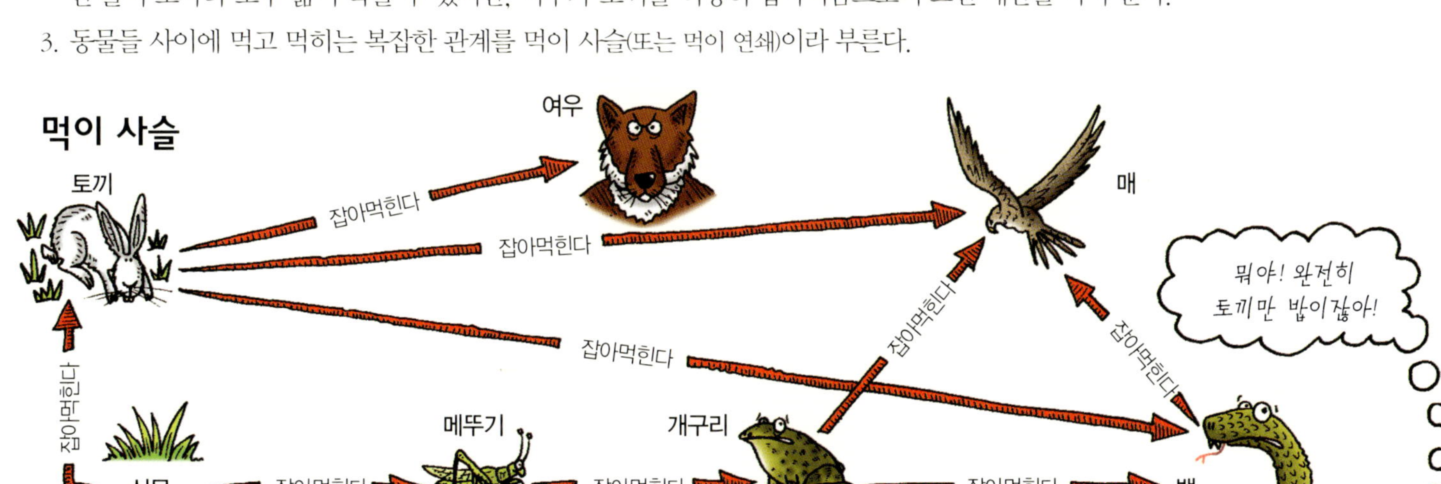

야생에서 살아남기

모든 동물은 플러피와 똑같은 것을 원한다. 바로 먹이와 안전과 새끼이다.
동물들은 원하는 것을 얻기 위해 독특한 노하우를 갖고 있는데······.

먹잇감 구하기

모든 먹이에는 결점이 하나씩은 있다.

- 식물은 얻기는 쉽지만(도망가지 않으니까) 배가 터지도록 많이 먹어야만 한다. 그리고 질긴 섬유소를 소화시키려면 창자가 아주 길어야 한다. 소나 토끼 같은 초식 동물의 창자에는 식물을 분해해 소화를 돕는 세균이 살고 있다. 브라질에 살고 있는 호아친이라는 새의 창자에도 그런 세균이 있다. 아주 커다란 위를 가진 이 새는 하루 종일 먹어 대면서 세균이 만들어 낸 가스를 내보내려고 트림을 해 댄다.
- 고기는 소화하기도 쉽고 영양분도 많다. 그렇지만 고기를 먹으려면 살아 있는 동물을 붙잡아야 한다. 그러려면 뛰어난 운동 감각이 필요하겠지?

가시두더지의 비밀 일기

안녕, 일기장아?

오늘도 무척 힘든 하루였어. 딱정벌레 유충을 사냥하느라 온종일 헤매고 다녔단다. 이 녀석들은 툭하면 땅 속으로 숨어든단 말야. 예민한 주둥이가 없었다면, 오래 전에 굶어 죽었을 거야! 주둥이로 유충의 근육에서 나오는 전기를 감지하고 흙을 파서 유충을 냠냠 먹어치웠단다. 내 코는 촉촉하게 젖어야만 제 기능을 발휘하기 때문에 내가 늘 콧물을 달고 다니는 건 너도 알지? 누가 손수건 안 사 주나. 에취!!

안전하게 살아가기

크고 무서운 동물을 만나면 도망치거나 숨어야 한다. 막다른 골목에 몰리면 죽기살기로 싸우거나 죽은 체할 수밖에!

새끼 만들기

모든 동물은 종을 잇기 위해 새끼를 낳는다. 새끼를 많이 남기는 방법은 두 가지가 있다.

- 새끼를 아주 많이 낳되 전혀 돌보지 않는다. 누가 돌봐 주지 않더라도 그 중 몇몇은 살아남을 것이다. 이러한 전략을 사용하는 동물로는 물고기와 개구리가 있다.
- 새끼를 조금 낳고 잘 클 수 있도록 돌봐 준다. 이러한 전략을 사용하는 동물로는 사람을 비롯한 포유류가 있다.

하지만 새끼를 잘 돌보는 동물도 때로는 새끼들에게 힘든 일을 시킨다는데……

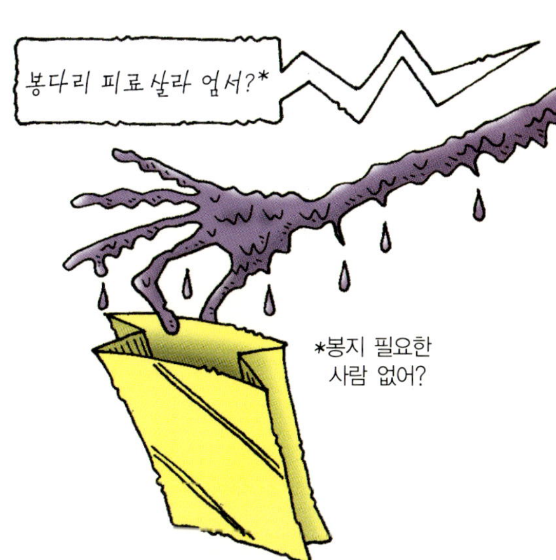

너무 힘들게들 살고 있군!

다음 장에서는 우리 자신을 한 번 샅샅이 살펴 보자(안과 밖 모두). 크기로 봤을 때 다음 장은 우리가 나올 차례이다. 사람이 웬만한 동물보다는 크지 않은가. 계속 읽다 보면 인체의 놀라운 비밀들에 경악할 것이다.

비위가 약한 사람이라면 당장 책을 덮어라!

인체 대탐험 1

우리 몸이 기계라면, 우주에서 가장 경이로운 기계일 것이다.
생각해 보라! 야채와 고기를 잘게 씹어 넣기만 하면 알아서 소화시킬 뿐만 아니라,
고장이 나면 스스로 고치기까지 한다. 인체의 경이로움은 여기서 그치지 않는다.

콩알만 한 과학자들이 세상에서 가장 메스꺼운 여행에 나섰다. 바로 인체 속으로!

우욱! 그런데 돈 때문에 자기 몸을,
그것도 몸 속 구석구석은 구경거리로
내 놓을 사람이 있을까?

출발!
세상에서 가장 메스꺼운 관광에
나서다니 정말 탁월한 선택이다!
출발 전 다음 안전 수칙을
꼭 기억해 두도록!

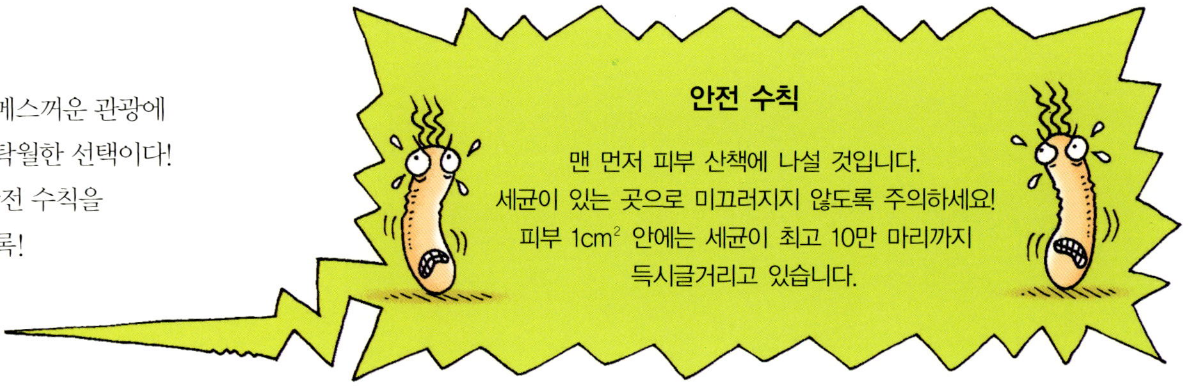

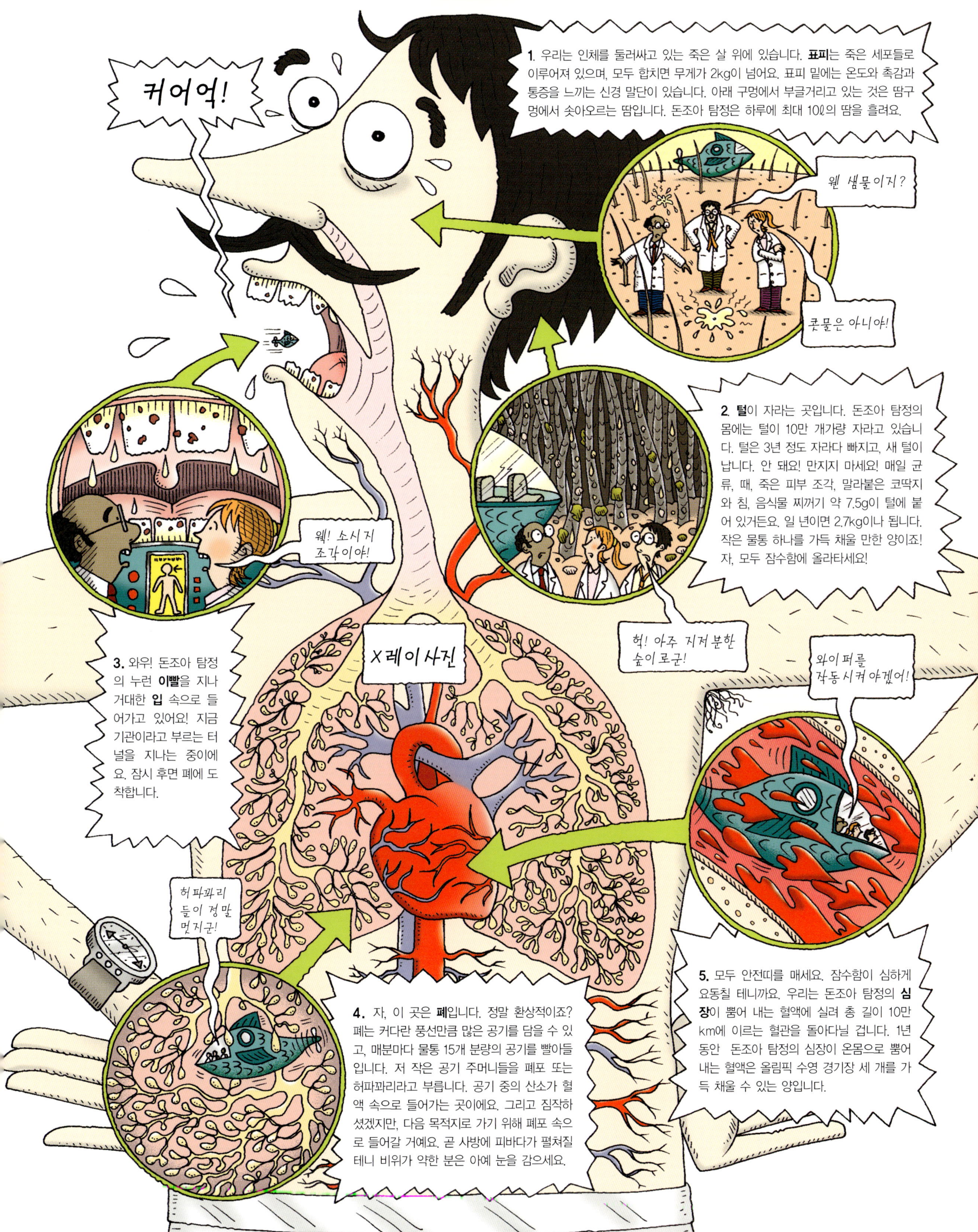
커어억!

1. 우리는 인체를 둘러싸고 있는 죽은 살 위에 있습니다. 표피는 죽은 세포들로 이루어져 있으며, 모두 합치면 무게가 2kg이 넘어요. 표피 밑에는 온도와 촉감과 통증을 느끼는 신경 말단이 있습니다. 아래 구멍에서 부글거리고 있는 것은 땀구멍에서 솟아오르는 땀입니다. 돈조아 탐정은 하루에 최대 10ℓ의 땀을 흘려요.

웬 샘물이지?

콧물은 아니야!

2. 털이 자라는 곳입니다. 돈조아 탐정의 몸에는 털이 10만 개가량 자라고 있습니다. 털은 3년 정도 자라다 빠지고, 새 털이 납니다. 안 돼요! 만지지 마세요! 매일 균류, 때, 죽은 피부 조각, 말라붙은 코딱지와 침, 음식물 찌꺼기 약 7.5g이 털에 붙어 있거든요. 일 년이면 2.7kg이나 됩니다. 작은 물통 하나를 가득 채울 만한 양이죠! 자, 모두 잠수함에 올라타세요!

웩! 소시지 조각이야!

X 레이 사진

헉! 아주 지저분한 숲이로군!

와이퍼를 작동시켜야겠어!

3. 와우! 돈조아 탐정의 누런 이빨을 지나 거대한 입 속으로 들어가고 있어요! 지금 기관이라고 부르는 터널을 지나는 중이에요. 잠시 후면 폐에 도착합니다.

허파꽈리들이 정말 먼지군!

5. 모두 안전띠를 매세요. 잠수함이 심하게 요동칠 테니까요. 우리는 돈조아 탐정의 심장이 뿜어 내는 혈액에 실려 총 길이 10만 km에 이르는 혈관을 돌아다닐 겁니다. 1년 동안 돈조아 탐정의 심장이 온몸으로 뿜어 내는 혈액은 올림픽 수영 경기장 세 개를 가득 채울 수 있는 양입니다.

4. 자, 이 곳은 폐입니다. 정말 환상적이죠? 폐는 커다란 풍선만큼 많은 공기를 담을 수 있고, 매분마다 물통 15개 분량의 공기를 빨아들입니다. 저 작은 공기 주머니들을 폐포 또는 허파꽈리라고 부릅니다. 공기 중의 산소가 혈액 속으로 들어가는 곳이에요. 그리고 짐작하셨겠지만, 다음 목적지로 가기 위해 폐포 속으로 들어갈 거에요. 곧 사방에 피바다가 펼쳐질 테니 비위가 약한 분은 아예 눈을 감으세요.

인체 대탐험 2

메스꺼운 탐험을 계속하겠다니 용기가 가상하군!
그렇다면 돈조아 탐정이 먹은 음식물에 어떤 일이 일어나는지 알아볼까?
우선 콧속부터 살펴보자. 먼저 손을 씻는 게 좋겠군!

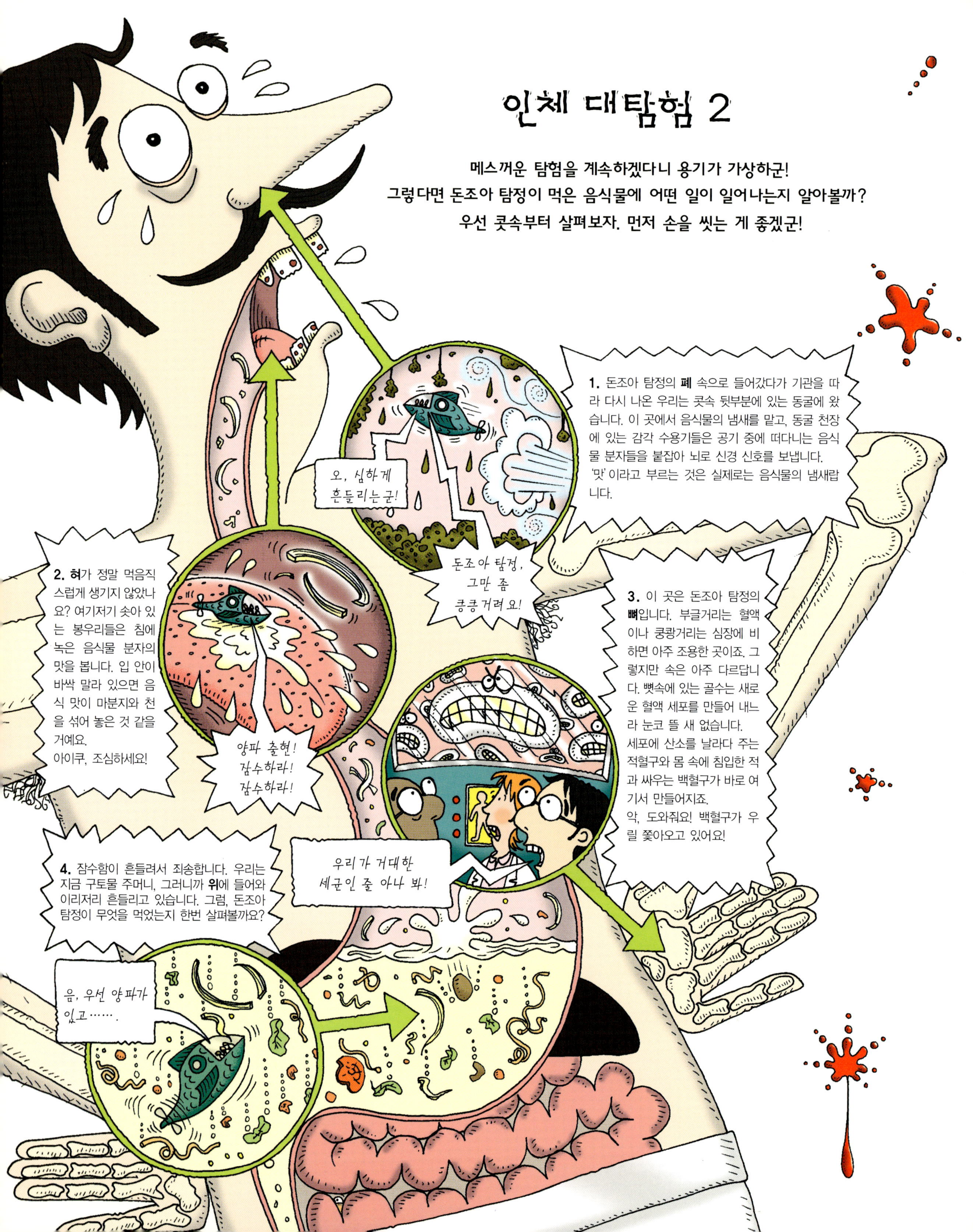

1. 돈조아 탐정의 **폐** 속으로 들어갔다가 기관을 따라 다시 나온 우리는 콧속 뒷부분에 있는 동굴에 왔습니다. 이 곳에서 음식물의 냄새를 맡고, 동굴 천장에 있는 감각 수용기들은 공기 중에 떠다니는 음식물 분자들을 붙잡아 뇌로 신경 신호를 보냅니다. '맛'이라고 부르는 것은 실제로는 음식물의 냄새랍니다.

2. **혀**가 정말 먹음직스럽게 생기지 않았나요? 여기저기 솟아 있는 봉우리들은 침에 녹은 음식물 분자의 맛을 봅니다. 입 안이 바싹 말라 있으면 음식 맛이 마분지와 천을 섞어 놓은 것 같을 거예요.
아이쿠, 조심하세요!

3. 이 곳은 돈조아 탐정의 **뼈**입니다. 부글거리는 혈액이나 쿵쾅거리는 심장에 비하면 아주 조용한 곳이죠. 그렇지만 속은 아주 다르답니다. 뼛속에 있는 골수는 새로운 혈액 세포를 만들어 내느라 눈코 뜰 새 없습니다. 세포에 산소를 날라다 주는 적혈구와 몸 속에 침입한 적과 싸우는 백혈구가 바로 여기서 만들어지죠.
악, 도와줘요! 백혈구가 우릴 쫓아오고 있어요!

4. 잠수함이 흔들려서 죄송합니다. 우리는 지금 구토물 주머니, 그러니까 **위**에 들어와 이리저리 흔들리고 있습니다. 그럼, 돈조아 탐정이 무엇을 먹었는지 한번 살펴볼까요?

돈조아 탐정의 위에 들어 있는 반쯤 소화된 음식물에 관한 보고서

돈조아 탐정의 위 속에는 소시지, 양파가 든 롤빵, 청량음료가 반쯤 소화된 채 뒤섞여 있었다. 구토물과 비슷한 상태였다.

- 양파에는 단백질과 탄수화물 그리고 섬유질이 약간 들어 있다. 섬유질은 소화는 되지 않지만, 음식물이 창자에서 쉽게 이동하도록 도와준다.
- 청량음료에는 당분과 물이 들어 있다. 또, 이산화탄소도 들어 있다. 오, 이런! 이산화탄소가 돈조아 탐정에게 트림을 일으키려고 한다…….

결론
- 메스껍긴 하지만, 돈조아 탐정은 몸이 건강을 유지하는 데 필요한 분자들을 섭취한 것이다.
- 소시지* 에는 단백질과 지방이 들어 있다.

*맙소사, 이 소시지는 29쪽의 잇새에 끼어 있던 그 소시지다. 웩!

비상! 트림이 위 속에서 폭풍을 일으키고 있다! 우욱, 뱃멀미가 나려고 하는군. 비닐봉지 없어? 오, 맙소사! 음식물을 녹이기 위해 위벽에 있는 작은 구멍들에서 산이 뿜어져 나오고 있어. 어서 탈출하지 않으면, 우리도 녹아 버리겠어!

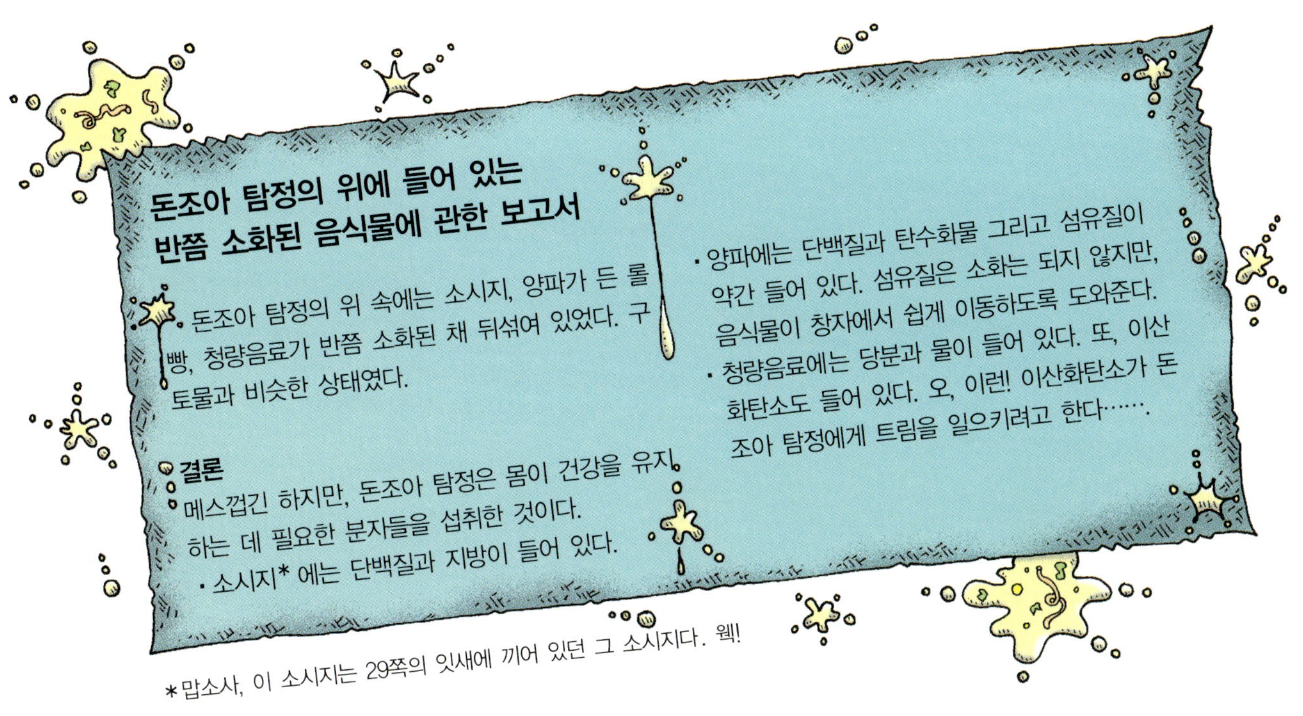

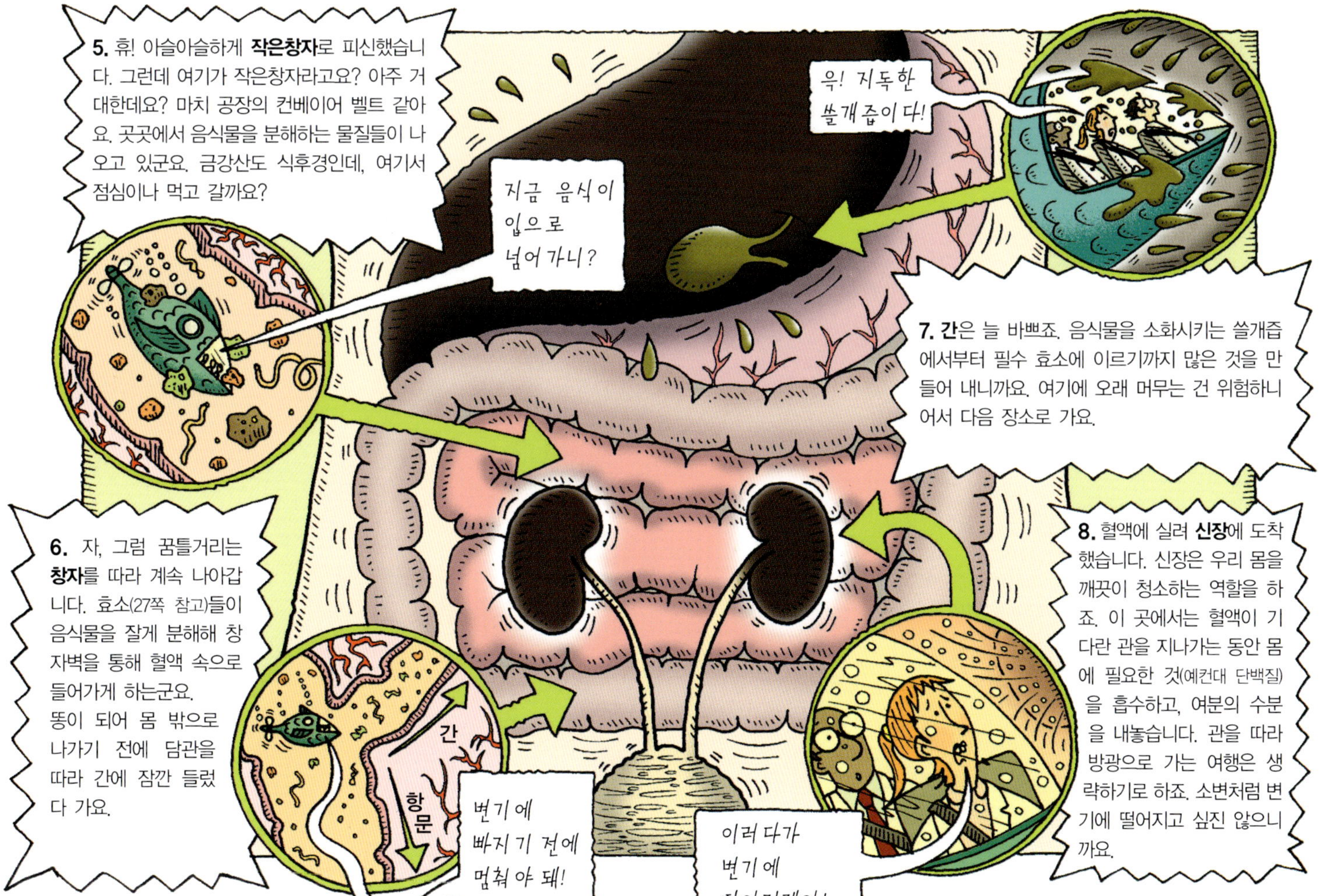

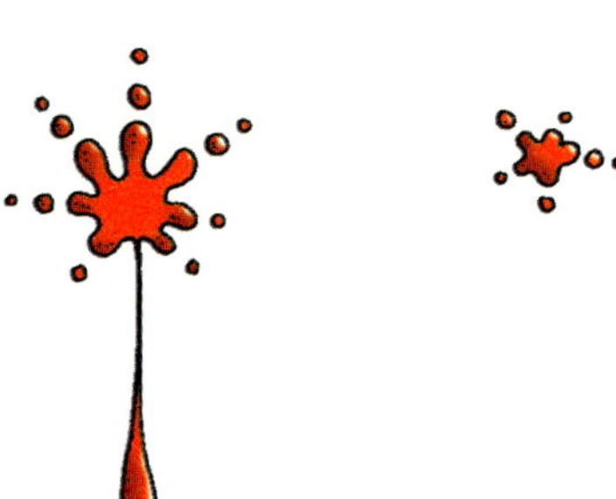
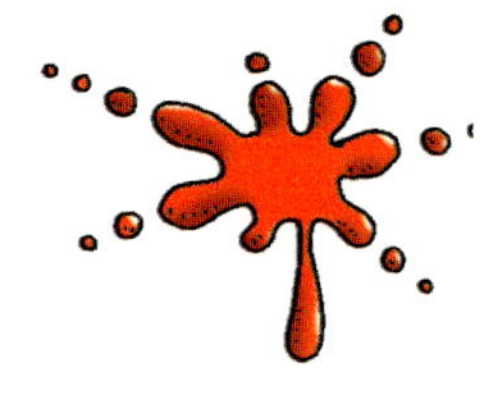

인체 대탐험 3

생각을 만들어 내는 곳을 찾아가 볼까? 그 곳은…… 바로 돈조아 탐정의 뇌 속이다.
신경은 뒤얽힌 전화선과 비슷해서 자칫 길을 잃기 쉽다. 게다가 전화선처럼 메시지를 전달한다.
몸에서 감지한 신호를 뇌로 전달하고, 뇌에서 내리는 명령을 근육에 전달하는 것이다.

거대한 근육

이런, 미안! 길을 잘못 들었군! 근육은 근섬유라 부르는 질긴 실들이 뭉쳐 있는 것이다. 근섬유는 수축하면서 근육으로 하여금 뼈를 끌어당기게 한다. 하지만 밀어 내는 근육은 없다. 대신 반대 방향에서 끌어당기는 근육이 있다.

뇌로 가는 길에 눈과 귀에 잠깐 들르도록 하자. 우리에게 정말로 중요한 감각 기관이다.

물컹한 눈알

젤리 같은 물질로 가득 찬 이 거대한 동굴 앞에는 수정체가 있다. 수정체는 빛을 모아 초점을 맞춘다. 그리고 동굴 안쪽에는 빛에 민감한 세포들이 붙어 있다.

신기한 귀

귀는 고막과 뼈, 음파를 포착하는 예민한 털로 이루어진 복잡한 기관이다. 공기 분자들의 움직임이 만들어 내는 음파가 털을 움직이면 뇌로 신경 신호가 전달된다. 쉿, 목소리를 낮춰라. 잘못하면 돈조아 탐정의 귀가 멀 수도 있다. 더러운 귀지에 들러붙지 않도록 조심 또 조심!

드디어 뇌에 도착!

정말로 놀랍고 신비스러운 곳이다! 이 곳이 바로 생각을 만들어 내는 곳이다.

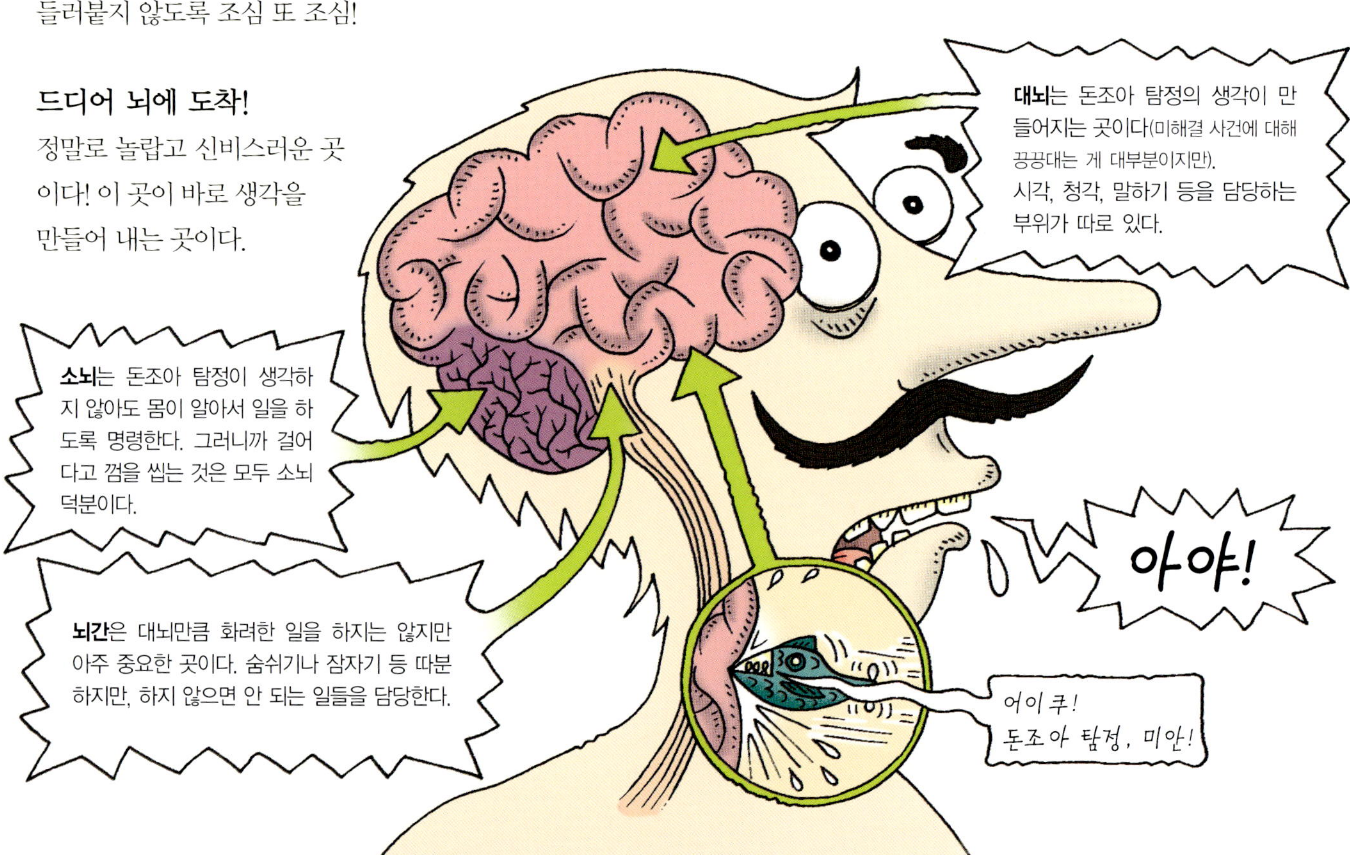

안타깝게도 관광은 여기까지다. 이제 혈액을 따라 폐로 가서 돈조아 탐정이 재채기를 할 때 몸 밖으로 나가야 한다.

축하한다! 여러분은 인체 탐험을 무사히 마쳤다. 여행 내내 흥미로운 인체 부위들을 보았을 것이다.

그렇지만 인체가 무엇으로 이루어져 있는지는 보지 못했을 것이다. 우리 몸은 50조 개 이상의 세포로 이루어져 있다. 세포가 없으면 여러분도 존재할 수 없다. 그럼 세포를 자세히 살펴볼까? 음, 마침 아래에 하나 있군!

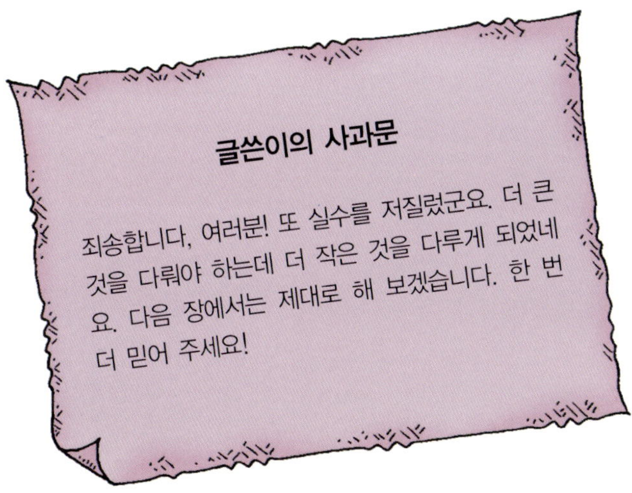

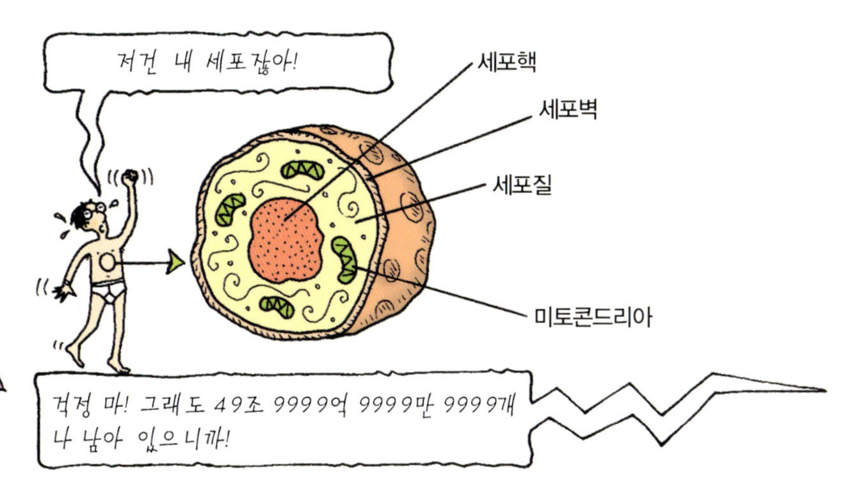

이쯤에서 눈치챘을 텐데? 그렇다, 각각의 세포는 29쪽에 나온 원생동물과 크게 다르지 않다. 세포 속에 존재하는 단백질 분자는 2만 종이 넘으며, 그 수는 1억 개쯤 될 것이다. 누가 그 많은 걸 일일이 셌는지는 비밀이다.

그렇지만 가장 놀라운 비밀은 세포핵 안에 숨어 있다. 사실 DNA는 비밀 암호이다. 그 암호는 과연 어떤 뜻을 담고 있을까? 책장을 넘겨 암호를 해독해 보자.

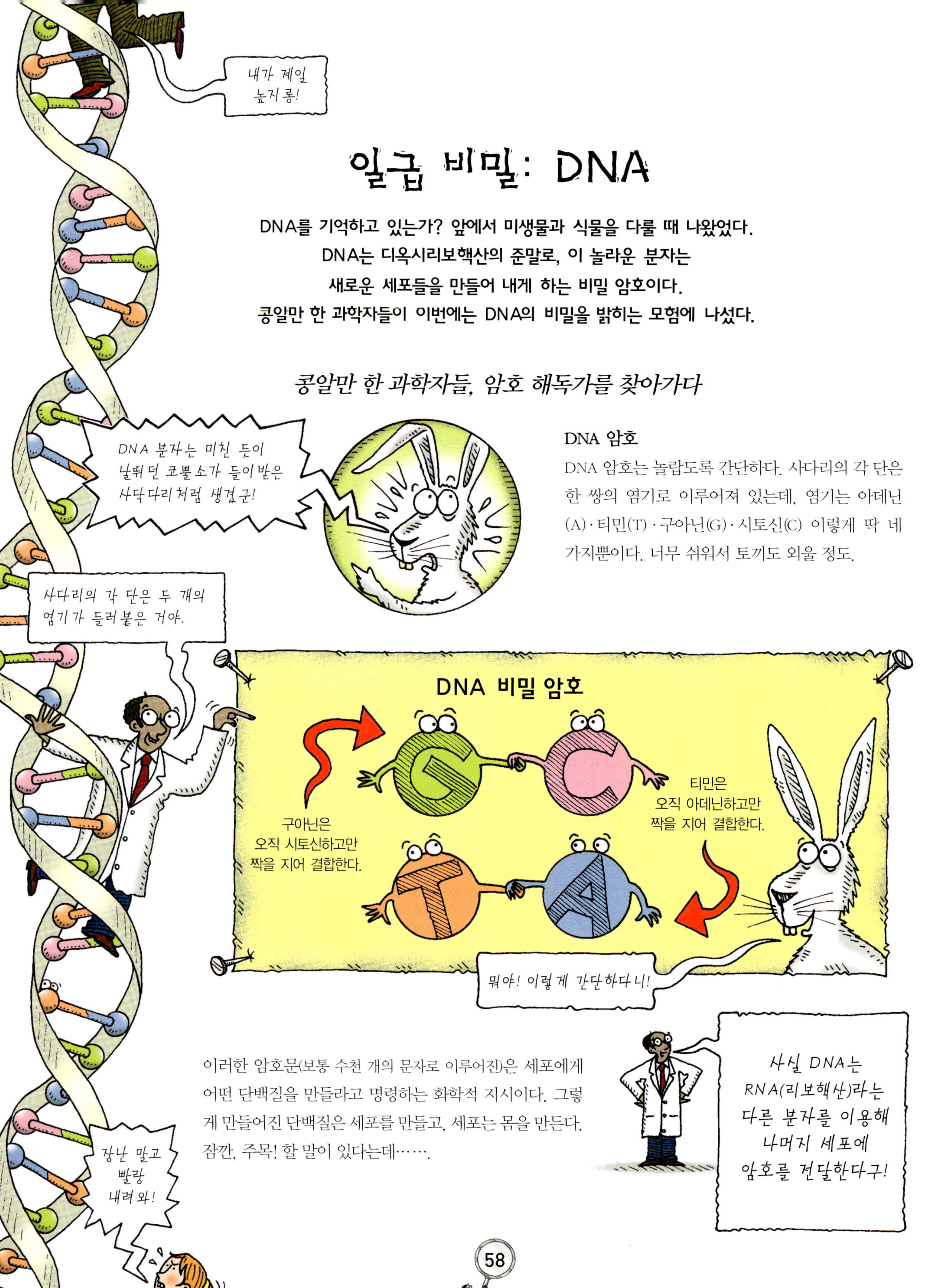

일곱 비밀: DNA

DNA를 기억하고 있는가? 앞에서 미생물과 식물을 다룰 때 나왔었다.
DNA는 디옥시리보핵산의 준말로, 이 놀라운 분자는
새로운 세포들을 만들어 내게 하는 비밀 암호이다.
콩알만 한 과학자들이 이번에는 DNA의 비밀을 밝히는 모험에 나섰다.

콩알만 한 과학자들, 암호 해독가를 찾아가다

DNA 암호

DNA 암호는 놀랍도록 간단하다. 사다리의 각 단은
한 쌍의 염기로 이루어져 있는데, 염기는 아데닌
(A)·티민(T)·구아닌(G)·시토신(C) 이렇게 딱 네
가지뿐이다. 너무 쉬워서 토끼도 외울 정도.

DNA 비밀 암호

이러한 암호문(보통 수천 개의 문자로 이루어진)은 세포에게
어떤 단백질을 만들라고 명령하는 화학적 지시이다. 그렇
게 만들어진 단백질은 세포를 만들고, 세포는 몸을 만든다.
잠깐, 주목! 할 말이 있다는데…….

과학은 알면 알수록 더 복잡해진다! DNA에 관한 기초 정보만으로도 머리가 복잡한데, 더 복잡해진다고?

DNA에 관한 아주 중요하고도 복잡한 여섯 가지 사실

1. 여러분의 몸을 이루는 대부분의 세포 속에는 펼친 길이가 1.8m에 이르는 DNA가 들어 있다. 몸 속에 있는 모든 DNA를 죽 이으면, 그 길이는 태양까지 400번이나 왕복할 수 있을 만큼 길다!

2. DNA 분자는 세포핵 안에 있는 염색체 속에 들어 있으며, DNA 분자 하나에는 약 32억 개의 암호 문자가 들어 있다. 32억 자라면 이런 책 5000권을 가득 채울 분량이다. 그렇지만 장담하건대, 이 책보다는 훨씬 더 지루할 것이다!

3. 여러분의 DNA 문자들로 조합이 가능한 가짓수는 10의 35억제곱 가지나 된다. 그러니까 여러분과 정확하게 똑같은 DNA를 가진 사람을 만날 확률은 1/10이다(놀랐지? 사실은 분모의 1 뒤에 0을 하나가 아니라 35억 개나 더 붙여야 한다.). 그러니 사실상 절대로 일어날 수 없는 일이라고 할 수 있다.

4. 여러분의 눈 색깔과 같은 신체적 특징을 나타내는 암호를 유전자라 부른다. 유전자를 영어로 진^{gene}이라 부르는데, 이걸 청바지^{jeans}하고 관계가 있는 걸로 생각하는 멍청이는 없겠지?

5. 인간을 만드는 데는 약 3만 가지의 유전자가 필요하다는 말에 우쭐할 필요는 없다. 하지만 잡초를 만드는 데에도 그만큼의 유전자는 필요하니까.

6. 과학자들은 여러분의 DNA 중 97%의 정체는 밝히지 못했다. 그래서 과거에는 이것들을 '쓰레기 DNA'라 불렀다.

여러분의 DNA(쓰레기 DNA도 포함해)가 어디서 왔는지 궁금했던 적이 있는지? 그림을 통해 쉽게 이해해 보자.

DNA의 비밀 부호

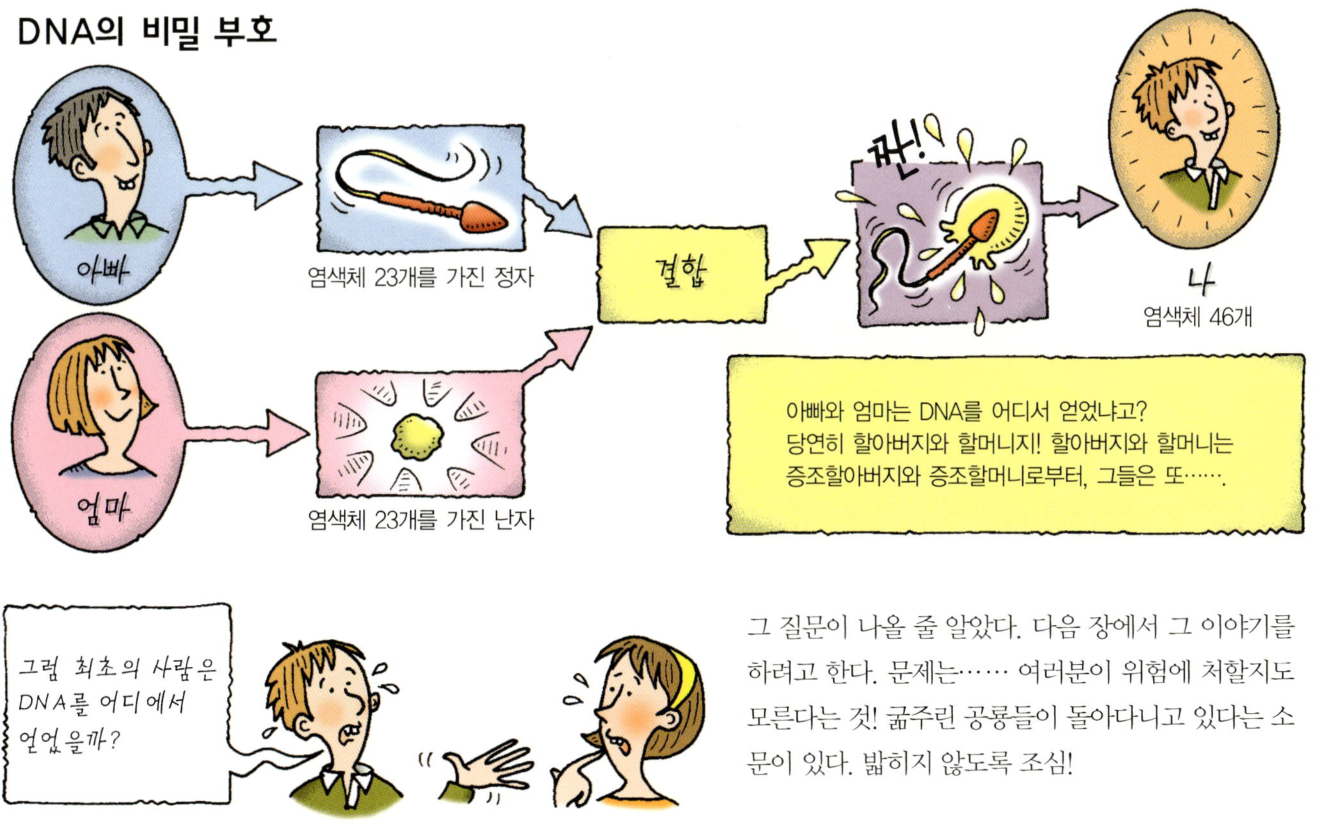

그 질문이 나올 줄 알았다. 다음 장에서 그 이야기를 하려고 한다. 문제는…… 여러분이 위험에 처할지도 모른다는 것! 굶주린 공룡들이 돌아다니고 있다는 소문이 있다. 밟히지 않도록 조심!

무시무시한 공룡들
(그리고 무서운 화석들)

덩치가 큰 게 정말로 좋을까? 꼭 그렇다고 할 순 없다.
여러분보다 훨씬 큰 공룡들이 여러분보다 똑똑하진 않으니까.
먼 옛날에 살았던 공룡들을 만나기 위해
무시무시한 쥐라기 공원을 찾았다.

어? 낯익은 얼굴이 보인다.

1. 개구리는 공룡과 함께 살았다.

2. 잠자리도 역시.

3. 바퀴벌레도 마찬가지.

4. 악어도 그랬다!

5. 바로사우루스

크기: 몸 길이 27m(목 길이 9m, 꼬리 길이 13m) 목과 꼬리가 긴 공룡들을 용각류(龍脚類)라 부른다.

살던 시기: 1억 5000만 년 전

주요 먹이: 나뭇잎(뒷다리로 서서 나뭇잎을 뜯어 먹음)

끔찍한 사실: 창자 속에 있던 세균이 뱃속으로 들어온 나뭇잎을 썩게 만들어 소화를 도와주었다. 무시무시한 방귀와 트림은 당연한 결과.

6. 티라노사우루스 렉스

크기: 턱 끝에서 꼬리 끝까지 12m

살던 시기: 6500만 년 전

주요 먹이 : 초식 공룡과 공룡 시체

끔찍한 사실: 티라노사우루스는 목을 비틀면서 뼈에 붙은 고기를 발라먹었다. 한 입에 들어가는 고기의 양은 일가족의 한 달 식량.

7. 스테고사우루스

크기: 몸 길이 9m

살던 시기: 1억 5000만 년 전

주요 먹이: 즙이 많은 식물

끔찍한 사실: 등에 있는 신경 다발이 다리를 움직인 것으로 보인다. 이 신경 다발은 밤톨만한 크기의 뇌보다도 컸다.

8. 공룡 시대 말기에 이르러 **화산** 활동이 활발해졌다.

9. 공룡이 살던 시대에는 풀이 없었다. 대신에 고사리 같은 **양치류**가 많이 자라고 있었다.

10. 소나무도 많았다.

11. 꽃 피는 식물은 약 1억 년 전에 나타났다. 1930년대에 어니스트 볼드윈은 기름을 함유한 식물이 사라지는 바람에 초식 공룡들이 변비에 걸려 죽었고, 그 결과 육식 공룡도 굶어 죽었다는 가설을 내놓았다. 하기야 왕 중에도 똥을 못 누어 죽은 사람이 있었지. 공룡 시대에 포유류는 무서운 공룡들을 피해 숨어 살았을 것이다. 위 그림에서 초기의 포유류인 **메가조스트로돈**이 어디에 숨어 있는지 찾아보라.

12. 데이노니쿠스
크기: 몸 길이 3m
살던 시기: 1억 1300만 년 전
주요 먹이: 무리를 지어 큰 초식 공룡을 사냥했다.
끔찍한 사실: 데이노니쿠스는 몸에 깃털이 났을 가능성도 있다. 데이노니쿠스는 날카로운 발톱으로 공룡의 배를 갈라서 창자를 꺼내 먹었다. 순대 좋아하는 사람?

13. 파키케팔로사우루스
크기: 몸 길이 5m(머리 화석을 바탕으로 추측한 크기)
살던 시기: 6800만 년 전~6500만 년 전
주요 먹이: 주로 식물을 먹었지만 죽은 고기도 먹었다.
끔찍한 사실: 이름의 뜻은 '두꺼운 머리 도마뱀'이다. 짝짓기 철에 수컷은 암컷을 차지하기 위해 서로 머리를 부딪치며 싸운 것으로 보인다. 머리가 두껍지 않으면 장가도 갈 수 없다니…….

14. 트리케라톱스
크기: 몸 길이 9m
살던 시기: 6700만 년 전~6500만 년 전
주요 먹이: 질긴 식물
끔찍한 사실: 공룡이 멸종한 이후의 지층에서 트리케라톱스의 이빨이 발견된 적이 있다. 그렇지만 이 이빨은 이전 시기의 지층에서 옮겨 온 듯하다.

공룡을 연구하는 사람들

공룡은 정말로 거대하고 놀라운 동물이지만, 그것을 연구하는 과학은 더욱 놀랍다.
먼저 '공룡'이란 이름을 지은 과학자를 만나 보자. 그리고 티라노사우루스에 대해 좀더 자세히 알아보자.

오언은 공룡의 이름을 잘못 지어 준 과학자이다. '디노사우르dinosaur'는 그리스 어로 '무서운 도마뱀'이란 뜻이다. 눈치챘겠지만 공룡이 어찌 도마뱀이란 말인가! 오언은 젊은 시절에 의사가 되기 위해 공부를 했지만, 시체나 뼈를 발굴하는 데 더 흥미를 느꼈다. 하루는 사람 머리를 들고 가다 땅에 떨어뜨렸는데, 그것이 데굴데굴 굴러 다른 사람의 집으로 들어갔다고…… 그 때부터 멸종 동물의 뼈를 연구하기로 마음을 바꾼 듯하다.

멸종 동물의 뼈 이야기가 나왔으니 말인데, '화석이 뭘까?' 궁금했던 적은 없는지? 물론 고리타분한 여러분 선생님을 가리키는 말이 아니다, 절대로!

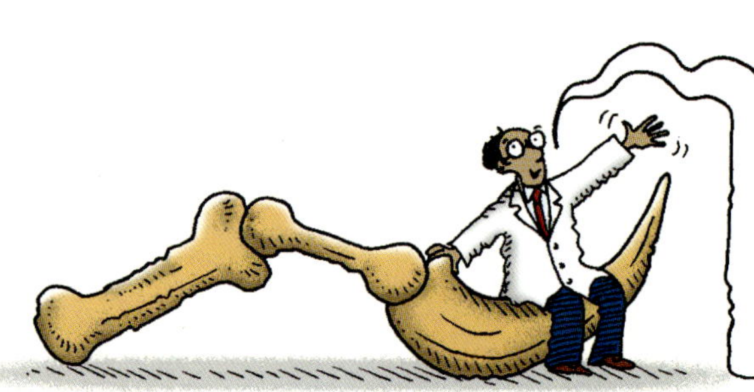

화석에 관한 흥미로운 사실

1. 화석이 만들어지려면 뼈가 썩어 없어지기 전에 진흙이나 모래로 덮여야 한다. 이런 일이 흔하진 않았겠지? 실제로 공룡 중 99.9%는 화석이 되지 못했다.

2. 과학자들은 지금까지 약 25만 종에 이르는 동식물 화석을 발견했다. 꽤 많은 것같지만, 지금까지 지구상에 나타났다 사라져 간 생물이 50억 종이 넘는다는 사실을 생각하면 아무것도 아니란 걸 알 수 있다. 생물들 대부분은 그야말로 흔적 없이 사라졌다!

3. 화석에는 어떤 게 있을까? 공룡 알, 공룡 똥, 심지어 바다 파충류가 토해 낸 구토물도 있다. 그 파충류의 이름은 우웩사우루스가 아니었을까.

자, 그러면 다시 끔찍한 과학 실험실로 가 볼까. 지금 티라노사우루스를 X레이로 촬영하고 있다.
별로 좋은 생각 같지는 않은데…….

한눈에 보는 진화의 역사

진화는 동물들이 수백만 년이 지나는 동안 어떻게 변해 왔는지를 설명해 준다.
잠시 뒤에 우리는 진화 과정을 생각해 낸 천재 과학자를 만나 볼 것이다. 그 전에 59쪽에서
던졌던 물음, 즉 '우리의 DNA는 어디서 왔을까?'에 대한 답을 알아보기로 하자.
그러려면 우리의 뿌리를 찾아 한참 거슬러 올라가야 한다.

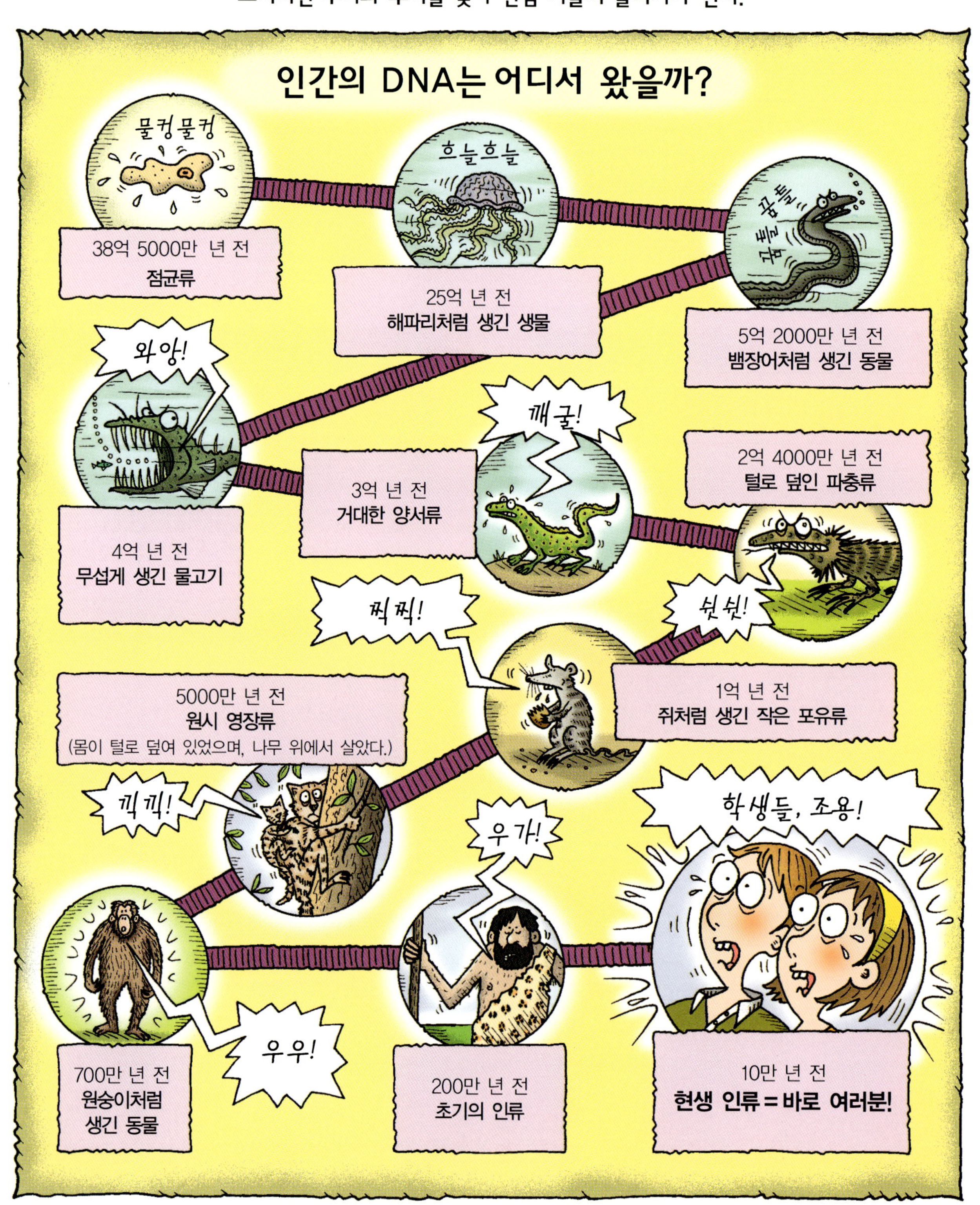

세월이 흐르는 동안 동물이 어떻게 진화했는지, 어떻게 여러분이 나타나게 되었는지 그 흥미진진한 이야기를 들어 보자.

끔찍한 과학 X 파일

제목: 어떻게 진화해 왔는가?

평범한 사실

- DNA는 여러분의 생김새를 결정하는 암호이다. 그새 잊어버렸지?
- 모든 동물은 각자 나름의 DNA 암호를 지니고 있으며, 그것을 자식에게 물려 준다.
- DNA 암호는 변할 수 있다. 화학 물질에 손상을 입거나, 새로운 세포를 만들기 위해 DNA가 복제될 때 변화가 일어난다. 이러한 변화 요인 때문에 똑같은 사람은 없다.
- 동물에게는 하루하루가 먹고 먹히지 않기 위한 전투의 연속이다(내 말을 못 믿겠거든 플러피에게 물어보라.). 전투에서 살아남은 동물만이 짝짓기에 성공하고 자신의 DNA를 자식에게 물려 준다.
- 그 결과, 오랜 시간이 지나면 살아가는 데 유리한 특징을 지닌 동물만이 살아남게 된다.

비범한 사실

- 여러분의 조상이 짝짓기를 하지 못 해 DNA를 자식에게 물려 주지 못했더라면, 여러분은 지금 존재할 수 없다!

생각하면 할수록 신기하지? 이 놀라운 생각을 처음 한 과학자를 만나 보기로 하자.

"너는 가문의 수치야."

허구한 날 사냥과 쥐잡기에 푹 빠져 있던 다윈에게 다윈의 아버지는 이렇게 말했다. 그렇지만 이 모든 행동들은 과학에 대한 흥미 때문이었다. 다윈은 학창 시절, 화학을 좋아해 '가스'라는 별명까지 얻었지만 나중에는 자연에 더 큰 흥미를 느끼게 되었다.

다윈은 진화론을 처음 생각했다. 그리고 젊은 시절 5년 동안 세계 일주 항해를 하면서 한참 후인 1858년에 가서야 그것을 정리해 발표했다. 다윈이 유전자의 정체를 알았더라면 연구가 훨씬 쉬웠을 테지만, 유전자의 정체는 20세기가 되어서야 비로소 밝혀지기 시작했다.

요건 몰랐지?

다윈은 진화론을 책으로 쓰기 전에 따개비를 연구하느라 8년을 보냈다. 집 수조 속에 따개비를 1만 마리나 길렀다고. 아내가 가만있었을까?

공룡 최후의 날

지금까지 지구상에 나타난 생물 가운데 99.9%가 멸종했다.
그 중 공룡들은 6500만 년 전에 사라져 갔다.
많은 과학자들은 그 이유를 지구와 소행성의 충돌 때문이라고 말한다.

파키케팔로사우루스 새끼가 그 당시 남긴 편지는 그 때의 절박한 상황을 생생하게 보여준다.

6500만 년 전, 북아메리카에서

안녕, 엄마!

끔찍한 일이 있었어요. 친구들과 함께 나뭇잎을 뜯어먹고 있는데, 해보다 더 밝은 빛이 하늘을 가로질러 가는 게 보였어요! 그리고 잠시 후, 엄청난 폭발이 천지를 뒤흔들었어요. 과학자들은 원자 폭탄 70억 개를 터뜨린 것과 맞먹는 위력이래요. 세상은 온통 캄캄한 어둠에 휩싸였고, 우리는 공중으로 붕 날아갔죠. 정신을 차리고 일어나려는데, 불이 활활 타오르는 돌들이 날아와서 내 머리를 딱 때렸어요(머리가 단단한 것이 다행일 때가 많다니까요). 그 일이 일어난 게 오늘 아침이었는데, 지금도 하늘에서는 불덩어리들이 마구 쏟아지고 있어요. 아직 우산도 발명되지 않았는데 정말 큰일이에요!

일기 예보에서 앞으로 1만 년 동안은 아주아주 춥고, 화산에서는 숨막히는 가스가 뿜어져 나올 거래요. 우리 공룡들에게 아주 나쁜 일이 닥친 게 틀림없어요. 지구가 이대로 사라지는 걸까요?

아, 어떡해요!

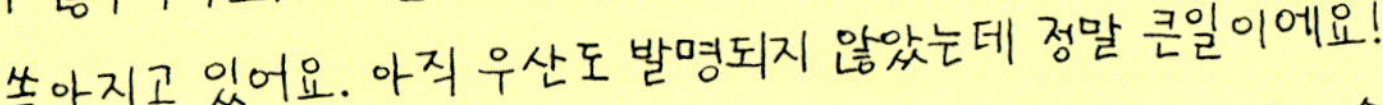

공룡의 멸종은 우리에게는 다행스런 일이다. 공룡 시대에 몸집이 작고 약한 동물이던 우리 조상들은 공포에 떨며 살았다. 그러나 공룡이 사라지고 나자, 포유류는 굴 속에서 뛰쳐나와 지구를 정복해 갔다. 만약 우주에서 날아온 그 돌이 아니었더라면, 여러분은 아직도 굴 속에서 살고 있을 테고, 키도 5cm밖에 안 될 것이다.

공룡이 멸종한 뒤에 나타난 기기묘묘한 동물들

1. 티타니스는 5000만 년 전에 살았던 무서운 육식 조류였는데, 키가 2.5미터나 되었다. 고양이를 티타니스 앞에 갖다 놓으면, 쥐처럼 벌벌 떨 것이다.
2. 황소만 한 기니피그를 상상해 보라. 2002년 베네수엘라에서 바로 그러한 동물 뼈가 발견됐다. 그 기니피그를 애완용으로 키우려면 얼마나 큰 우리가 필요할까?
3. 3500만 년 전에 살았던 파라케라테리움은 코뿔소와 비슷한 동물이었다. 키가 8m에 이르렀으니, 지금까지 육지에서 산 포유류 중 가장 컸다.
4. 오스트레일리아에 살았던 프로콥토돈은 키가 3m나 되는 무시무시한 캥거루였다. 뼈라도 제대로 추리려면 이 녀석 눈에 안 띄게 꼭꼭 숨을 것!

그리고 마침내……

약 700만 년 전에 아프리카에서 그 생김새가 확실치 않은 영장류가 두 발로 벌떡 일어서서 걷기 시작했다. 그들은 곧 도구를 만드는 법을 알게 되고 점차 영리해지더니 새로운 종으로 진화해 갔다. 진화한 종은 시간이 지나면서 불을 사용하고, 옷을 입고, 농사를 짓더니 마침내는 이 책을 읽는 여러분이 되었다. 이런 걸 바로 진보라고 하는 것이다.

2001년, 아프리카의 과학자 아훈타 짐두말바예가 600만 년도 더 전에 동아프리카에서 살았던 영장류 화석을 발견했다. 이것은 가장 먼 우리 조상의 화석으로 보여진다.

이렇게 해서 우리가 지금 이 자리에 서게 되었다. 우리는 지구의 주인으로 잘 먹고 잘 살아가고 있다. 그런 우리에게 공룡과 같은 운명이 찾아온다면? 멀리 내다보면, 전망은 그다지 밝지 않은데……

요건 몰랐지?

수많은 종이 한꺼번에 지구에서 사라질 수도 있다. 공룡을 멸종시킨 재앙은 지구상에 살고 있던 70%의 생물 종을 멸종시켰다. 그리고 2억 5000만 년 전에는 전체 종 96%가 멸종하는 큰 사건이 일어났다. 일부 과학자들은 화산에서 이산화탄소 같은 기체가 엄청나게 많이 뿜어져 나와 바다의 화학적 조성이 변하는 바람에 바다에 살던 수많은 생물이 죽은 것으로 보고 있다.

아름답게만 보이는 파란 행성, 지구. 하지만 그 속엔 무시무시한 얼굴을 감추고 있다. 다음 장에서는 콩알만 한 과학자들이 부글부글 끓는 지구 속으로 들어가 그 못된 성질을 까발릴 것이다.

부글부글 끓는 지구

아주아주 작은 것에서 출발한 이 여행이 이제 정말 크다고 할 만한 것에 이르렀다.
바로 지구에 온 것이다. 지금부터 여러분은 이제껏 모르고 있던 지구의 구석구석을 살펴볼 것이다.
그러기 위해 거대한 나이프와 포크로 지구를 잘라 내 보자.

지구에 관한 평범한 사실

지름: 가로 방향 1만 2756km
　　　세로 방향 1만 2713km

둘레: 남극과 북극을 지나는 둘레 4만 km
　　　적도를 지나는 둘레 4만 75km

무게: 60억×1조 톤

나이: 46억 살

요건 몰랐지?

두 판이 서로 부딪칠 때, 그 가운데가 솟아오르며 산맥이 만들어진다. 산맥이 만들어지지 않았다면 우리는 수면 아래 9km 지점에 잠겨 있을 것이다.

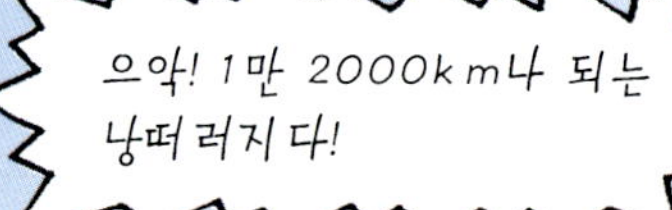

지각: 두께 7~70km의 암석층

맨틀: 두께 2900km에 이르는 뜨거운 암석 물질. 맨틀은 천천히 대류가 일어나기 때문에 그 위에 떠 있는 지각판이 이리저리 움직인다. 맨틀 온도는 1500~3000℃.

외핵: 온도가 약 4500℃라서 철과 니켈이 녹아 있고, 두께는 2200km에 이른다. 지구 자전 때문에 뜨거운 액체 금속이 빙빙 돌면서 지구 자기장을 만들어 낸다.

내핵: 두께는 2500km이고, 온도는 5500℃에 이른다. 과학자들은 내핵이 고체 철과 니켈로 이루어져 있다고 추측하지만, 누구도 확실하게 말할 수는 없다. 아직 그 곳에 가 본 사람이 아무도 없으니까. 가 볼 사람 없어?

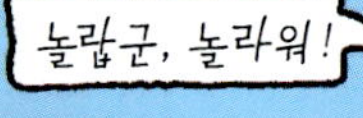

지표면을 이루는 지각은 금이 간 달걀 껍데기처럼 많은 판들로 나누어져 있다. 큰 판은 8개가 있고, 작은 판이 20여 개 있다. 판의 두께는 최고 40km에 이른다.

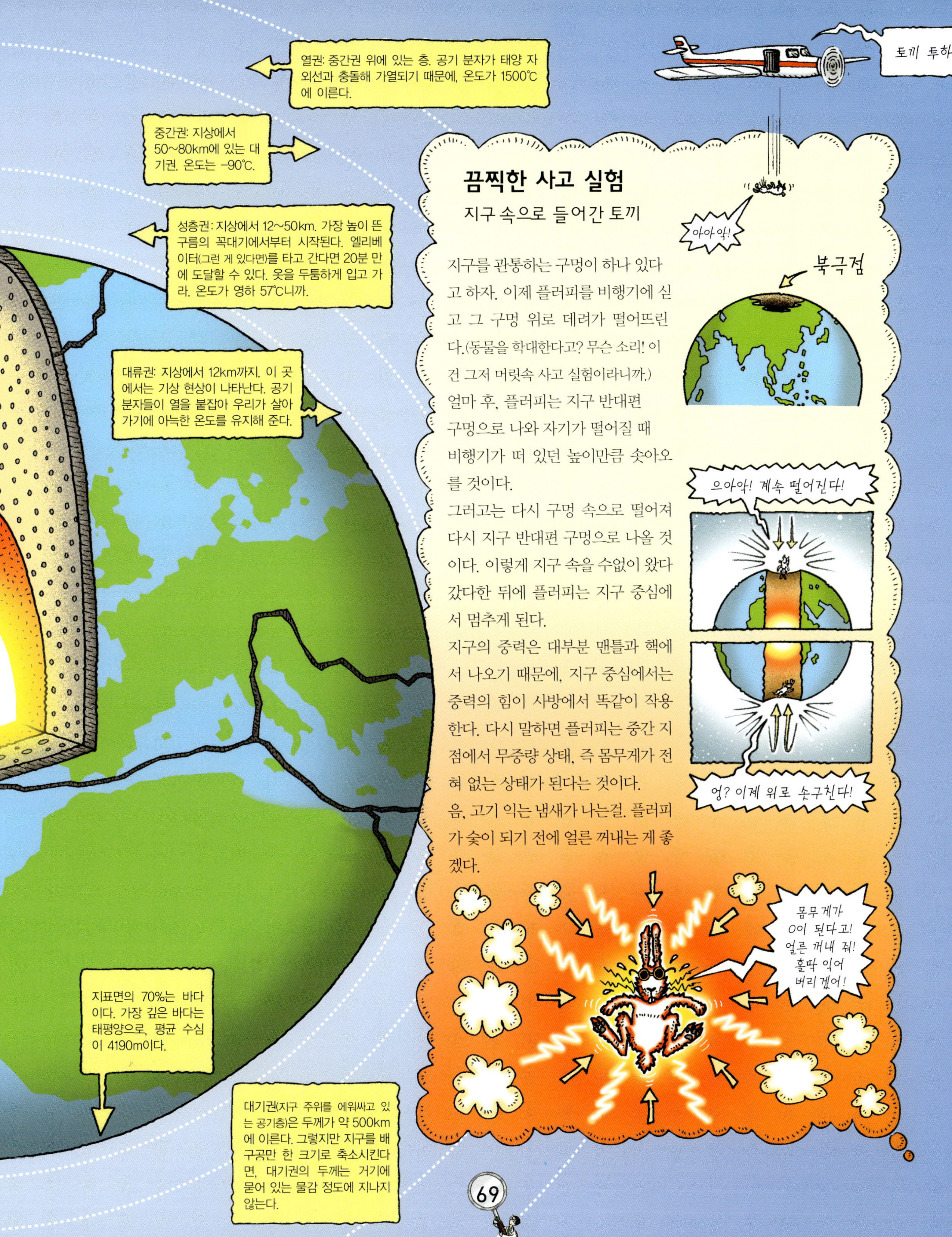

끔찍한 사고 실험
지구 속으로 들어간 토끼

지구를 관통하는 구멍이 하나 있다고 하자. 이제 플러피를 비행기에 싣고 그 구멍 위로 데려가 떨어뜨린다.(동물을 학대한다고? 무슨 소리! 이건 그저 머릿속 사고 실험이라니까.) 얼마 후, 플러피는 지구 반대편 구멍으로 나와 자기가 떨어질 때 비행기가 떠 있던 높이만큼 솟아오를 것이다.

그러고는 다시 구멍 속으로 떨어져 다시 지구 반대편 구멍으로 나올 것이다. 이렇게 지구 속을 수없이 왔다갔다한 뒤에 플러피는 지구 중심에서 멈추게 된다.

지구의 중력은 대부분 맨틀과 핵에서 나오기 때문에, 지구 중심에서는 중력의 힘이 사방에서 똑같이 작용한다. 다시 말하면 플러피는 중간 지점에서 무중량 상태, 즉 몸무게가 전혀 없는 상태가 된다는 것이다.

음, 고기 익는 냄새가 나는걸. 플러피가 숯이 되기 전에 얼른 꺼내는 게 좋겠다.

지구를 측정한 과학자들

**수백 년 전만 해도 사람들은 지구가 어떻게 생겼는지 얼마나 큰지 알지 못했다.
그것을 알아 내기 위해 과학자들은 엄청난 노력을 기울였는데…….**

1735년, 피에르 부게르와 샤를 드 콩다민을 비롯한 여러 과학자들은 지구의 정확한 모양을 알아 내기 위해 남아메리카의 에콰도르로 갔다. 여러 장소에서 지구의 중력을 측정한 결과, 지구는 적도 부분이 약간 불룩하고, 양 극 쪽은 약간 평평한 것으로 나타났다. 과연 이 측정 결과가 옳을까? 부게르가 썼을 법한 일기를 한번 상상해 보자.

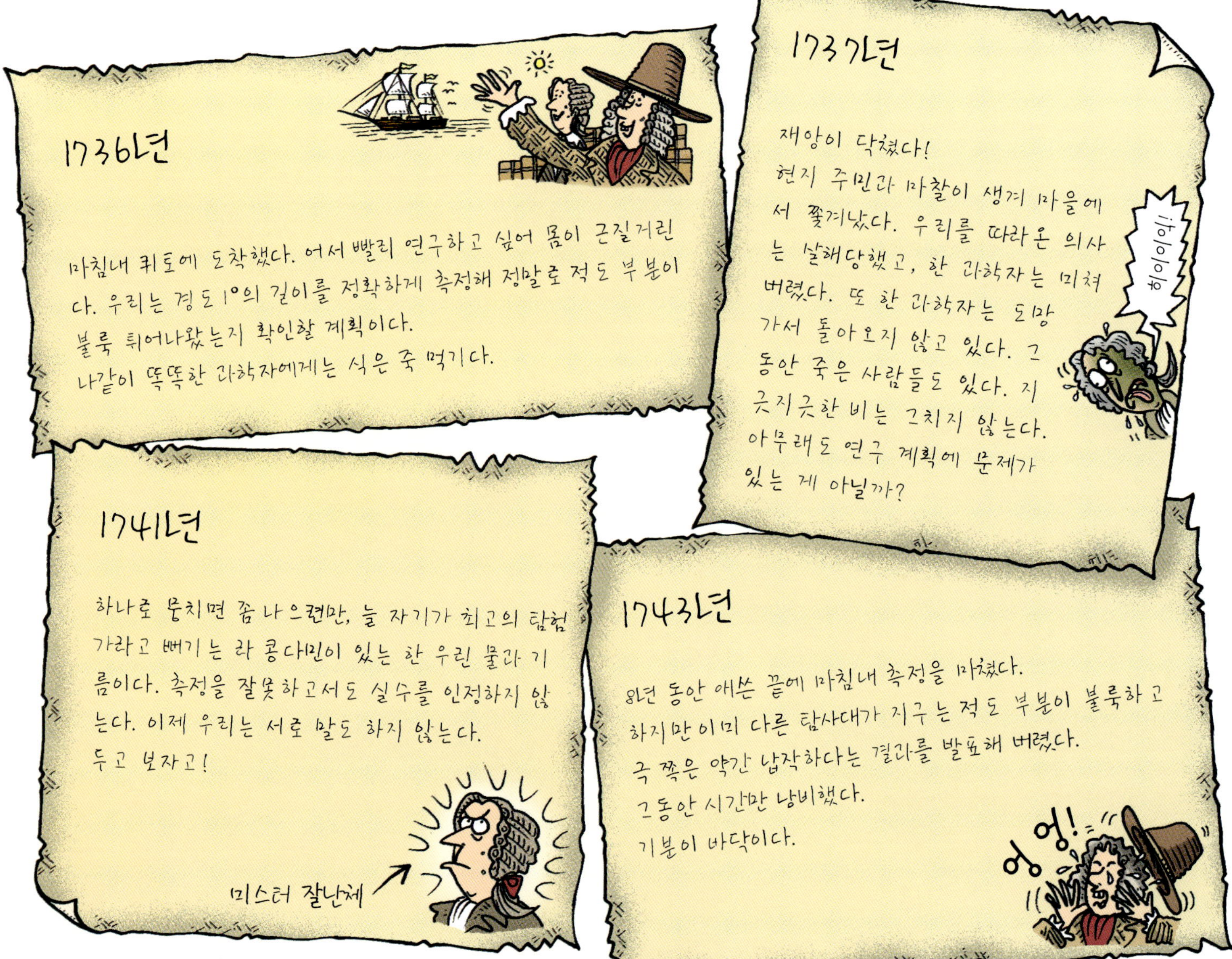

다행히도 부게르와 라 콩다민은 프랑스로 무사히 돌아갈 수 있었다. 물론 서로 다른 배를 타고……

지구의 무게

한편, 지구의 무게를 알아 내려고 애쓰는 과학자들이 있었으니……. 1774년, 천문학자 네빌 매스켈린은 스코틀랜드의 어느 산기슭에 텐트를 치고 비와 벌레의 공격을 견뎌 내면서 여름을 보내고 있었다.

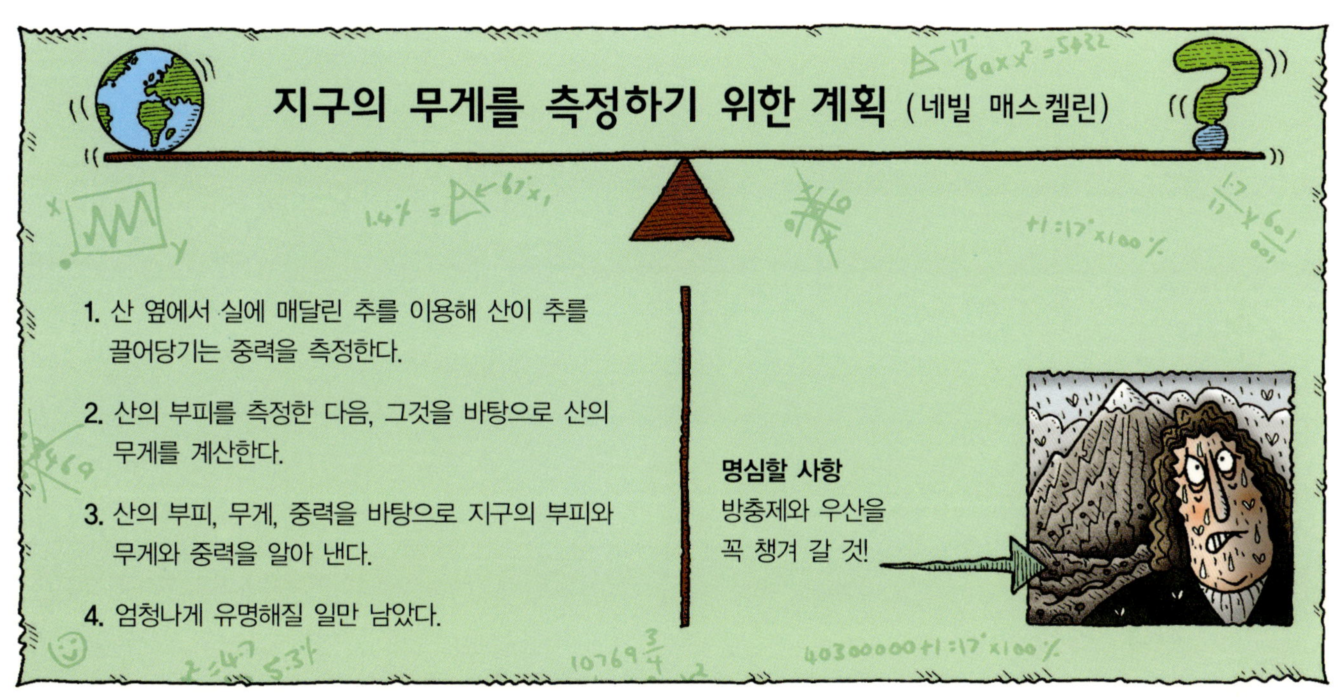

그렇지만 모든 노력과 고생은 헛수고가 되었다. 불이 나는 바람에 텐트(그리고 현지 주민의 바이올린까지)가 홀라당 타 버린 것이다. 그리고 매스켈린이 계산한 지구의 무게는 16억×1조 톤으로, 실제 무게와 차이가 많았다.

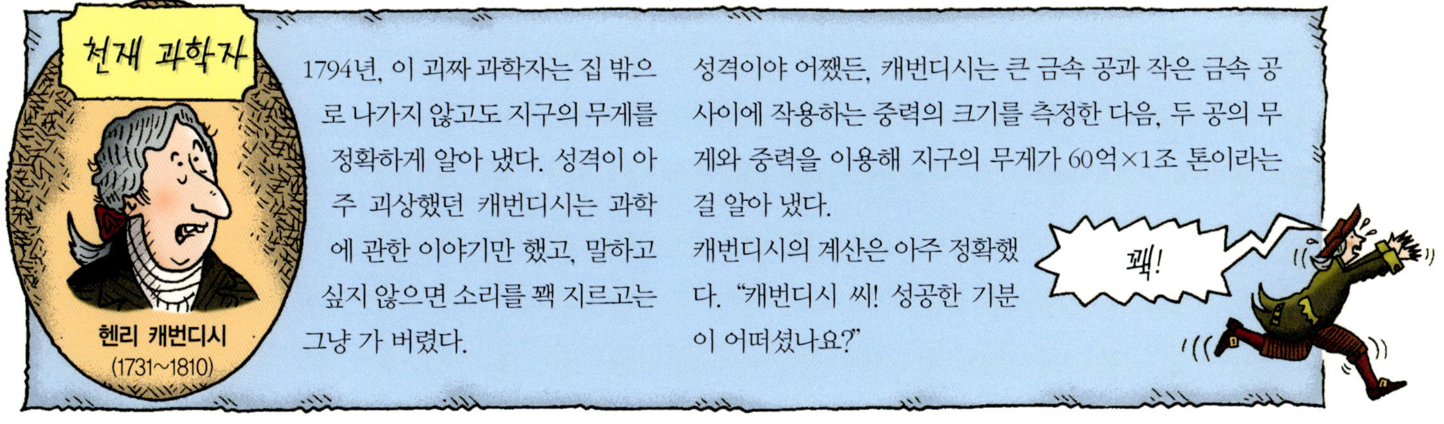

1794년, 이 괴짜 과학자는 집 밖으로 나가지 않고도 지구의 무게를 정확하게 알아 냈다. 성격이 아주 괴상했던 캐번디시는 과학에 관한 이야기만 했고, 말하고 싶지 않으면 소리를 꽥 지르고는 그냥 가 버렸다.

성격이야 어쨌든, 캐번디시는 큰 금속 공과 작은 금속 공 사이에 작용하는 중력의 크기를 측정한 다음, 두 공의 무게와 중력을 이용해 지구의 무게가 60억×1조 톤이라는 걸 알아 냈다. 캐번디시의 계산은 아주 정확했다. "캐번디시 씨! 성공한 기분이 어떠셨나요?"

지구에 관한 돌발 퀴즈쇼!

1회전 정답 :

1. 나) 세상에서 폭포는 바다 밑에 있다! 덴마크 해협은 높이가 3500m나 되는 폭포이다. 북해에서 흘러드는 차가운 물은 이 곳에서 만나는 따뜻한 물보다 가볍기 때문에 아래로 쏟아진다. 이 차가운 물은 길이 1000km의 긴 강을 이루고 있다.

2. 바) 세상에서 가장 긴 산맥은 세 대양에 걸쳐 뻗어 있다. 이 곳에서는 판들이 서로 멀어져 가고 있고, 땅 속에서 뜨거운 암석이 표면으로 솟아오르고 있다. 하와이 제도, 아조레스 제도, 카나리아 제도는 아주 높은 산맥이다.

3. 라) 지구에서 가장 오래된 암석의 나이는 약 43억 살이다. 과학자들은 우라늄 양을 측정해서 암석의 나이를 알아 냈다. 우라늄 원자는 긴 시간에 걸쳐 일정한 속도로 붕괴해 다른 원자로 변한다. 그러니까 우라늄 원자가 다른 원자로 변한 양만 측정하면 암석의 나이를 알 수 있다. 뭐, 원리야 아주 간단하다!

2회전

물, 물, 물!
물에 관한 문제입니다.

아래의 보기는 지구상의 물 분자에게 일어날 수 있는 일입니다. 진실과 거짓을 밝혀 보세요.

1. 물 한 방울이 지하에서 1000년 동안 머물러 있을 수도 있다.
2. 만약 구름에 있는 모든 비를 물통에 담는다면 지구에 사는 모든 사람이 목욕을 할 수 있다.
3. 물이 암석을 깎아 내는 것을 침식 작용이라 부른다. 나이애가라 폭포도 절벽의 암석을 깎아 내린다. 나이애가라 폭포가 1000년에 1.1m씩 뒤로 물러나고 있다.
4. 우주에서 매일 새로운 물이 지구로 공급되고 있다.

특별 보너스 퀴즈

해저에 쌓인 부드러운 진흙 퇴적물을 연니(軟泥)라고 한다. 연니는 100만 년에 어느 정도나 쌓일까? (2점)

가) 1m　　나) 6m　　다) 10m　　라) 50m

특별 보너스 퀴즈 정답:
해저에 쌓인 연니는 동식물의 시체로 이루어져 있는데, 100만 년마다 6m씩 쌓이고 있다.

여러분의 점수는 얼마인가?

0~3점: 너, 지구인 아니지? 혹시 게으른 덜덜이와 같은 종족 아냐?

4~7점: 지구에 관해 정말 해박한 지식을 갖고 있군.

8점 이상: 천재다! 당신은 정말 훌륭한 지구과학자가 될 자질이 있다!

2회전 정답:
1. **진실** 식물에 떨어진 물은 불과 몇 시간 만에 다른 곳으로 이동하고 만다. 그렇지만 암석 속으로 스며든 물은 그 속에 훨씬 오래 머물 수 있다.
2. **진실** 매일 많은 비가 쏟아지고 있는데, 그 양은 지구에 살고 있는 모든 사람이 900번이나 목욕을 할 수 있을 만큼 많다. 몸이 녹아 버리지 않을까?
3. **거짓** 1.1m가 아니라 1.1km이다. 따라서 2만 5000년 뒤에는 폭포가 강 전체를 깎아 내 폭포 자체가 사라질 것이다.
4. **거짓** 지구상에 있는 모든 물은 38억 년 전부터 계속 출렁거리고 있다. 과학자들은 그 물이 혜성에 실려 왔을 거라고 생각한다. 오늘 여러분이 마시는 물은 먼 옛날에 공룡이 흘린 물이거나 개구리가 뀐 방귀에 들어 있던 물이거나 수백 명의 사람들이 눈 오줌에 들어 있던 물일 수도 있다.

지구 최후의 날

졸음이 확 달아날 영화를 소개하겠다. 기대하시라. 개봉 박두!
지구의 종말을 다룬 영화가 정말로 현실로 나타난다면, 지구는 순식간에 폭발하거나 얼음으로
뒤덮일 것이다. 그렇게 되면 졸고 있을 수만은 없을 텐데…….

그런데 콩알만 한 과학자들은 이 위험을 어떻게 생각할까?

대혹한이 닥치면 살아남을 수 있을까? 콩알만 한 과학자들에게 물어보도록 하자.

흥미로운 과학적 사실
이름: 빙하기

평범한 사실

• 빙하기가 닥치면 북반구는 최고 3km 두께의 얼음으로 뒤덮일 것이다. 7억 5000만 년 전만큼 춥지는 않겠지만 여러분은 옷을 겹겹이 껴입지 않고서는 밖에 갈 수 없다.

• 지구 공전 궤도가 조금만 변해도 지구에 도달하는 햇빛의 양이 줄어 빙하기가 닥칠 수 있다. 얼음이 지표면을 덮으면, 더 많은 햇빛이 반사되어 나가고 지구의 기온은 더 내려간다.

비범한 사실

내일 당장 전 세계의 얼음이 다 녹는다면, 해수면은 20층 건물 높이만큼 치솟을 것이다. 수영복을 입고 자도록!

공포의 빙하기, 싹 쓸어 버리겠어!

1. 지구는 거대한 온열기와 같다. 방사성 우라늄이 열을 내놓기 때문에 땅 속 깊은 곳에는 뜨거운 열이 갇혀 있다. 그리고 지구가 처음 생길 때, 거대한 암석 덩어리들이 충돌하면서 생긴 많은 열도 땅 속에 갇혀 있다.

2. 지구를 구하기 위해 화산을 폭발시킨 과학자를 기억하는가? 지구가 거대한 눈 덩어리였다고 주장하는 과학자들은 그 후 화산에서 많은 양의 이산화탄소가 방출되어 지구의 온도가 올라갔다고 생각한다.

휴, 다행이군! 그러니까 가까운 미래에 대규모 화산이 폭발하거나 빙하기가 닥칠 염려는 없다. 진짜 위험은 우주에서 날아오는 돌 덩어리인지도 모른다. 공룡도 우주에서 날아온 돌 덩어리 때문에 멸종하지 않았던가? 실제로 다음 장에는 우주 공간에 떠다니고 있는 많은 돌 덩어리들과 행성들이 불타는 태양과 함께 등장할 것이다. 자, 마음의 준비는 되었는지?

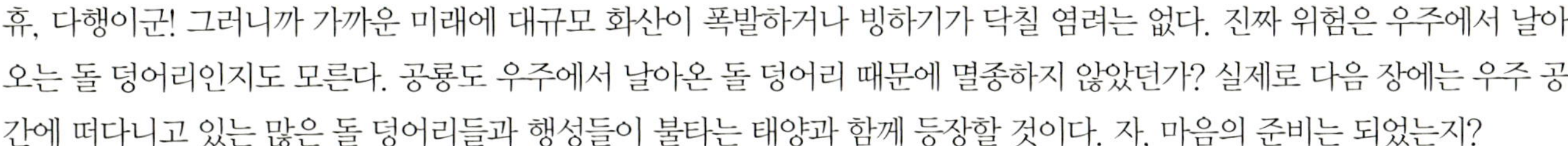

우리 태양계

이번에 우리는 앞에서 다룬 어떤 것보다 훨씬 큰 태양계를 둘러볼 것이다.
태양계는 태양과 그 주위를 돌고 있는 행성들로 이루어져 있다.
이 여행에는 깜짝 놀랄 만한 태양계의 비밀들이 숨겨져 있다는데……

태양 (지름 140만km)

태양은 전체 태양계의 질량(이것이 무엇인지는 10쪽에서 이야기했지?) 중 99.8%를 차지한다. 그러니까 지구와 여러분과 나, 그리고 나머지 행성들은 하찮고 초라한 먼지 같은 존재라는 말씀.

지구 (지름 12756km)

아름다운 행성. 외계인들의 휴양지로 인기가 높다. 믿거나 말거나.

화성 (지름 6780km)

화성에는 달보다 네 배나 많은 크레이터(행성 표면의 구멍)가 있다. 그 중 갈레 크레이터는 웃고 있는 사람 얼굴처럼 보인다.

수성 (지름 4878km)

태양계에서 가장 안쪽 궤도를 돌고 있다. 속도는 시속 17만 2248km! 어지럽지도 않나?

금성 (지름 1만 2100km)

금성에서는 태양이 서쪽에서 떠서 동쪽으로 진다. 왜일까? 다른 행성과는 반대 방향으로 자전하기 때문이다. 금성의 하루는 지구의 243일과 같다. 243일이 하루라니! 그럼 수업은? 생각만 해도 끔찍하지?

달 (지름 3476km)

달은 매년 지구로부터 조금씩 멀어져 간다. 1년에 겨우 4cm밖에 안 되지만, 50억 년 후면 금성을 향해 끌려갈 것이다. 그 때쯤에는 여러분은 새카맣게 탄 토스트가 되어 있을 것이다(그 이유는 79쪽에).

목성
(지름 14만 3000km)

태양계에서 가장 큰 행성으로 나머지 행성을 그 속에 다 집어넣고도 공간이 남는다. 원한다면 지구를 집어넣을 수도 있는데, 모두 1300개나 들어간다. 아, 물론 나머지 1299개는 여러분이 마련해 와야겠지만!

해왕성 (지름 49만km)과 명왕성 (지름 2400km)

명왕성은 아주 길쭉한 타원 궤도를 돌기 때문에 가끔 해왕성보다 안쪽 궤도를 돌 때가 있다. 이 때에는 해왕성이 명왕성보다 태양으로부터 더 멀리 있다. 비행기를 타고 해왕성까지 간다면 289년 이상 걸린다. 명왕성까지는 370년. 비행기에 재미있는 비디오가 많아야 할 텐데…….

천왕성 (지름 5만 1118km)

다른 행성들과는 달리 천왕성은 위아래로 자전한다. 천왕성의 1년은 여러분의 한평생과 같다.

소행성대

태양계가 처음 생길 때 남은 암석 덩어리 약 10억 개로 이루어져 있다. 소행성의 크기는 수m에서부터 941km에 이르기까지 다양하다. 커다란 소행성이 지구와 충돌해서 공룡이 멸종했다는 걸 기억하지?

토성 (지름 12만km)

토성은 대부분 수소와 헬륨으로 이루어져 있다. 토성에 얼굴 그림만 그려넣으면, 거대한 헬륨 풍선이 되지 않을까?

카이퍼 띠와
오르트 구름

태양계가 처음 생길 때 남은 얼음 부스러기들이 모여 있는 장소이다. 공사장처럼 너저분하지만, 어디에도 외계인 건축가는 보이지 않는다.

요건 몰랐지?

1. 태양계는 대부분 텅 빈 공간이다. 지구가 이 구슬만 하다면, 화성은 50미터쯤 떨어진 곳에 놓여 있는 콩알이다.
   안 돼, 플러피! 플러피가 방금 콩알만 해진 화성을 먹어치워 버렸다.
2. 사람이 만든 기계 중 가장 빠른 우주 탐사선 보이저 호의 속도는 시속 5만 6000km지만, 천왕성까지 가는 데 9년이 걸렸고, 명왕성의 궤도까지 가는 데에는 12년이 걸렸다.

이글이글 불타는 태양

멋진 태양(태양계도 함께)을 새로 만들어 보면 어떨까? 뭐 하러 그런 짓을?
여러분에게 낡은 태양이 어떻게 생겨났는지 보여주기 위해서다. 돈이 아주 많이 드는 실험이므로,
성금을 기부하겠다면 언제든 환영이다. 우리 계획은 다음과 같다.

새로운 태양과 태양계를 만드는 방법

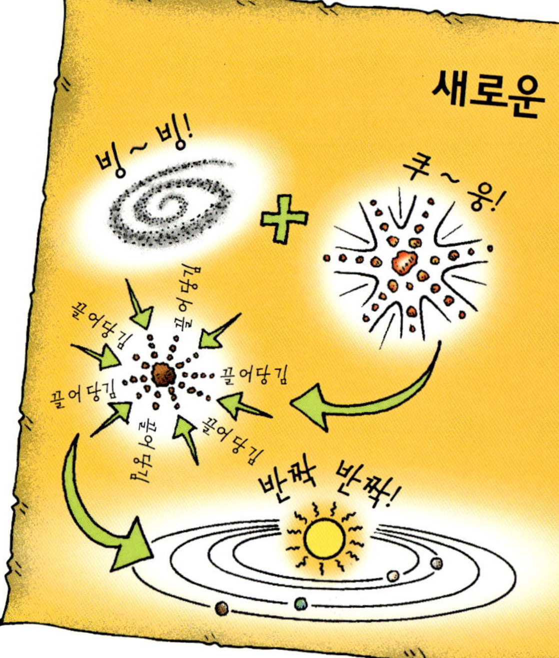

1. 빙빙 돌고 있는 거대한 가스와 먼지 구름(폭이 240억km에 이르는)을 하나 구한다. 그리고 폭발하는 큰 별도 하나 첨가한다.

2. 작은 먼지 집단들이 서로 뭉치기 시작한다.

3. 2억 년쯤 지나면 빙빙 도는 가스와 먼지 구름 한가운데에서 물질들이 뭉쳐 태양이 생겨나고, 그 주위를 도는 가스와 먼지들이 뭉쳐 행성들이 생겨난다.

예상 비용: 1경 4562억 3499만 8000원

글쓴이의 한마디!

1. 46억 년 전에 태양계도 이와 똑같은 방식으로 태어났습니다.

2. 다시 생각해 보니 새로운 태양을 만드는 건 그다지 좋은 생각이 아니네요. 비용이 너무 많이 들고, 여러분도 2억 년이나 기다릴 것 같지 않군요.

그래서 대신 콩알만 한 과학자들과 플러피를 태양으로 보내
X레이 근접 촬영을 하게 했다.

조심, 또 조심!

여러분은 태양을 찾아가 맨눈으로 직접 쳐다보거나
사진을 찍으려고 할 만큼 멍청하지는 않겠지?
절대로 그러지 마라!

잠깐 짚고 넘어가기

태양은 거대한 수소와 헬륨 플라스마이다.
(이 단어가 뭔지 모르겠다고? 21쪽을 보라.)

콩알만 한 과학자들, 태양에 가다

태양의 놀라운 비밀

1. 태양 중심부에서 작용하는 중력은 이 그림만 한 정사각형 면적에 7억 톤의 무게가 누르는 것과 같다. 이 작은 정사각형 위에 하마 1억 7500만 마리가 겹겹이 쌓여 있다고 상상해 보라!

2. 오른쪽 정사각형만 한 크기의 태양 조각으로 등을 만들었다고 상상해 보자. 좋은 점은 60와트짜리 전구 1000개보다 더 밝은 빛이 나온다는 점! 나쁜 점은 자외선과 X선, 감마선이 함께 나와 여러분을 파삭파삭한 쿠키처럼 태워 버린다는 사실!

3. 믿지 못하겠지만, 단위 부피당 발생하는 태양열은 미약하다. 태양을 우리 몸만큼 떼어 내서 우리 몸과 비교해 보면, 우리 몸에서 만들어 내는 열이 더 많다. 그런데도 태양이 우리보다 훨씬 뜨거운 것은 엄청난 크기 때문이다.

50억 년 후의 태양은 더욱 고약한 존재가 된다. 그 때가 되면, 수소 연료가 바닥나고 중심부가 붕괴하면서 온도가 아주 높이 치솟는다. 화르륵! 게다가 바깥층은 밖으로 날아가 지구를 덮쳐 태워 버릴 것이다. 그로부터 수십억 년 후에는 핵이 폭발하면서 지구는 까맣게 탄 쿠키처럼 변할 것이다.
걱정 마라, 여러분이 이 책을 다 읽을 시간은 충분하니까!

태양계에서 즐기는 휴가

태양 여행에서 입은 심한 화상을 치료하기 위해 휴가를 갔으면 좋겠다고?
그렇다면 좋은 생각이 있다. 수성, 금성, 달, 화성 여행에 나서는 건 어떨까? 아래 광고 전단지를 보라.
지구에서 벗어나 색다른 체험을 즐길 수 있는 이상적인 여행지가 아닌가!

오싹 공포 체험 여행사가 제공하는 공포 특급 우주 여행!

앗 뜨거, 수성 여행

- 화끈한 일광욕을 즐길 수 있습니다!
- 대기 중의 헬륨 무료 제공
- 낮에는 화끈하고, 밤에는 으슬으슬함

깨알 같은 주의 사항

1. 수성의 기온은 약 350℃, 지구에서 가장 더운 곳보다 7배나 높다. 밤이 되면 냉동실 온도보다 10배는 더 추워진다. 부르르!
2. 숨쉴 수 있는 공기도 없다. 미키마우스만 한 크기의 풍선에 헬륨을 채우려면 사방 3.2km 안에 있는 모든 헬륨을 모아 불어 넣어야 한다.
3. 밤과 낮의 길이가 각각 지구의 29일에 해당한다. 그러니까 여러분은 타 죽든 얼어 죽든 둘 중 하나다.

헐떡헐떡 금성 여행

금성에서 낭만적인 휴가를 즐기세요.
심장(그리고 나머지 몸도)이 터질 만큼 짜릿한 경험을 맛보세요!

- 따뜻한 환대가 당신을 기다리고 있습니다!
- 입이 쩍 벌어질 놀라운 경치
- 풍부한 공기
- 저녁에 벌어지는 흥미 만점의 오락
- 불타는 바위도 구경할 수 있습니다.

깨알 같은 주의 사항

1. 따뜻한 환대와 풍부한 공기? 하하! 금성에서는 죽을 수 있는 방법이 여러 가지 있다. 자, 하나 골라 보시라.
   - 470℃의 열기 속에서 산 채로 타 죽는다(금성은 가장 뜨거운 행성이다.).
   - 엄청난 대기압에 짓눌려 죽는다.
   - 대기의 주성분인 이산화탄소 속에서 질식사한다.
   - 황산 비에 녹아 죽는다.
2. 음, 경치는 정말 환상적이다. 맥스웰 산은 에베레스트 산보다 2km나 더 높고, 봉우리에는 금속이 눈처럼 쌓여 있다.

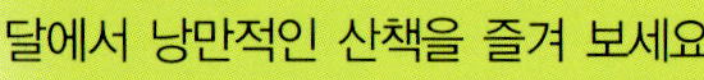

환상적인 달 여행

달에서 낭만적인 산책을 즐겨 보세요.
- 몸무게가 1/6로 확 줄어드는 놀라운 경험
- 달빛 무료 제공!
- 매혹적인 지구의 모습에 넋을 잃을 것입니다.

깨알 같은 주의 사항

1. 숨이 막혀 죽는다. 공기가 없으니까.
2. 낮에는 온도가 110℃까지 치솟고, 밤에는 영하 170℃까지 떨어진다.

화성 다음에는 소행성대가 기다리고 있다. 이제, 광고 전단지는 그만 들여다보고, 재미있는 컴퓨터 게임을 해 보기로 하자. 컴퓨터 게임은 위험하진 않을 것이다. 게임의 이름은…….

소행성으로 지구 맞히기 게임

여러분의 임무는 다음 8개의 소행성 중 어느 것이 지구와 충돌할지 알아 내는 것이다. **주의!** 하나가 아니라 둘 이상일 수도 있다!

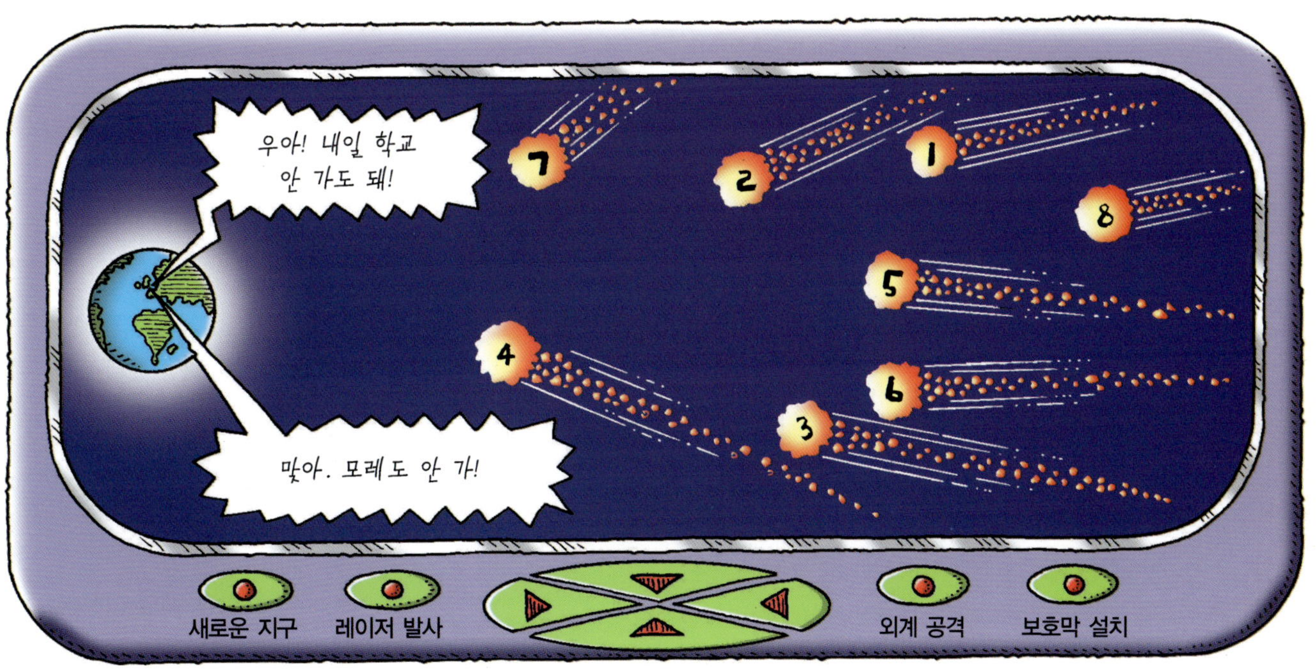

정답 : 3과8
그렇다고 소행성을 너무 겁낼 건 없다. 85쪽에서 보는 것처럼 우주 공간이 아주 넓어서 소행성은 지구와 충돌하지 않고도 지나갈 수 있다.

화성, 그 너머의 행성들

화성 너머에 있는 행성들은 아주 크고 춥다. 관광객이 적어서 여행사에서는
이 행성에 가는 여행 상품을 만들지 않았다. 대신 퀴즈쇼에 출연자로 모시겠다!

설명 가

대부분 수소와 헬륨으로 이루어져 있으며, 밀도가 아주 낮아
서 물 위에 둥둥 뜰 수 있다. 딱딱한 표면이 없으며, 시속
1770km에 이르는 강한 바람이 불고 있다. 얼음과 암석으로
이루어진 고리들이 있다. 이런! 힌트가 너무 센가?

설명 나

암석질 행성으로 수성보다도 작다. 그래도 한 바퀴를
돌려면 일 년은 걸릴 것이다. 볼 만한 풍경은 별로 없
으며, 온도가 영하 200℃로 아주 낮다. 목도리를 꼭
챙겨 가도록.

* 뭐라고?

주로 수소 기체로 이루어진 거대한 행성이다. 시속 4만 5500km로 자전을 하기 때문에 이 행성의 대기에는 아주 강한 폭풍이 몰아치고 있다. 그 폭풍은 지구에서 볼 때 커다란 붉은 점처럼 보인다.

창백한 기체 행성으로 파르스름한 빛을 띠고 있다. 1989년, 과학자들은 이 행성에서 시속 1000km의 강한 폭풍이 몰아치고 있는 것을 발견했다. 이 폭풍에는 '스쿠터'라는 이름이 붙었는데, 스쿠터를 타고 이 폭풍에서 벗어나기는 어려울걸!

여름이 21년 동안이나 계속된다. 여름에는 태양이 지는 법이 없으며, 요요처럼 하늘에서 위아래로 움직일 뿐이다.
더 나쁜 소식은 겨울도 21년 동안 계속된다는 것!

정답:
1. 마 – 천왕성. 태양이 요요처럼 움직이고 겨울과 여름이 긴 것은 천왕성이 옆으로 누워 아래위로 자전하기 때문이다.
2. 가 – 토성. 이건 누구나 맞혔겠지?
3. 라 – 해왕성.
4. 나 – 명왕성.
5. 다 – 목성. 거대한 붉은 점을 '대적점'이라 부른다.

이제 태양계 끝에 다다른 것 같다. 이 자리를 빌려 처음으로 망원경으로 태양계를 바라본 천재 과학자에게 감사의 말을 전하고 싶다……

새로 발명한 망원경으로 밤하늘을 바라본 갈릴레이는 아주 놀라운 것들을 발견해 냈다. 세계 최초로 토성의 고리, 목성의 네 위성, 달의 산맥을 본 것이다.

갈릴레이는 자신이 발견한 것을 책으로 써서 베스트셀러 작가가 되었다.
갈릴레이는 행성들이 태양 주위를 돈다는 사실을 알아 냈는데, 그 시대의 교회는 모든 행성과 태양이 지구 주위를 돈다고 가르치고 있었다. 갈릴레이는 연구 결과를 책으로 쓰고 가르치다가 종교 재판소에 끌려가 재판을 받게 되었다.
그 후, 평생 동안 집 안에 갇혀 살았다.
그러니 망원경을 갖고 노는 것은 위험한 장난이다.

그렇지만 위험을 무릅쓸 때 더욱 재미있는 법!
다음 장에서는 태양계 너머의 우주를 들여다볼 것이다. 잠깐, 먼 외계에서 신호가 도착했다.

엄청나게 큰 우주

크기순으로 진행되고 있는 이 책의 맨 마지막 장은 세상에서 가장 큰 것을 다룰 것이다.
우주의 실제 크기를 알면 깜짝 놀라 입이 다물어지지 않을 걸!
게다가, 계속 커지고 있다니……. 이제 그 놀라운 크기에 익숙해져 보자.

우주 – 지금까지의 이야기

우주는 아주 오래 전에 태어났다. 크기는 점점 커지고, 온도는 점점 식어 갔다. 빅뱅이 일어나고 30만 년이 지날 무렵, 전자가 양성자와 결합하여 원자가 만들어졌다. 그리고 원자들 사이로 빛이 지나다녔다. 빅뱅은 끝났지만, 그 흔적은 남아 있다. 우주는 곳에 따라 물질과 열이 많이 몰린 곳이 있다. 이러한 물질들이 중력에 의해 뭉치면서 최초의 별이 탄생했다. 과학자들은 이 일이 일어나기까지는 약 5억 년이 걸렸을 거라고 보고 있다.

요건 몰랐지?

빅뱅 이후 우주는 거의 빛의 속도(초속 30만km)로 팽창해 왔다. 그렇다면 여러분이 이 책의 첫 장을 펼친 순간부터 지금까지 우주의 크기가 20억km나 더 늘어났다는 얘긴데…….

자, 그러면 또 한 사람의 천재 과학자를 만나 보기로 하자. 이 사람은 대단한 허풍쟁이이기도 했다는데…….

허블은 과학적 발견으로 엄청나게 유명해졌지만 허풍 떠는 버릇을 고치지 못했다. 허블이 죽었을 때, 허블의 아내는 허블의 시체를 숨기고 아무에게도 그 장소를 알려 주지 않았다고 한다. 이것 역시 허블이 꾸민 거짓말이었을까?

다행히도 허블은 과학에 관한 이야기를 할 때만큼은 진실했다.

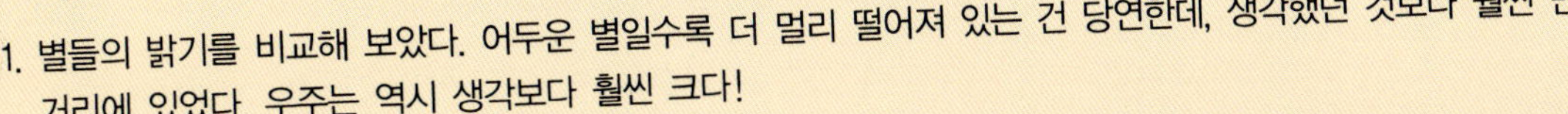

나의 위대한 발견 두 가지 — 에드윈 허블

1. 별들의 밝기를 비교해 보았다. 어두운 별일수록 더 멀리 떨어져 있는 건 당연한데, 생각했던 것보다 훨씬 먼 거리에 있었다. 우주는 역시 생각보다 훨씬 크다!

2. 먼 곳에 있는 은하들의 색깔을 분석해 보았다. 그 결과 빛의 스펙트럼이 점점 붉은색 쪽으로 치우치는 것을 알게 되었다. 이것은 은하들이 빠른 속도로 멀어져 가기 때문에 일어나는 현상이다. 모든 은하들이 우리에게서 멀어져 가고 있다면, 우주는 계속 커지고 있는 게 틀림없다!

우주는 과연 얼마나 클까?

허블 같은 천재 과학자는 누구나 될 수 있을까? 여러분이 될 성 부른 나무인지 그 떡잎을 알아 볼 퀴즈를 내겠다. 아래 설명들에서 언급된 거리나 시간에 대해 그것보다 '더 가깝다(혹은 더 짧게 걸린다)', '딱 맞다', '더 멀다(혹은 더 오래 걸린다)' 중 하나를 선택해 대답하라.

1. 지구와 태양 사이의 거리가 2.54cm면, 가장 가까운 별인 센타우루스자리 프록시마별은 64km 밖에 있을 것이다.

2. 센타우루스자리 프록시마별까지 자동차를 타고 가면 520년이 걸린다.

3. 우리 은하에 있는 별을 하나하나 세려면 꼬박 60년이 걸린다.

4. 우리 은하는 아주 커서 은하 반대편 끝에 있는 외계인에게 전파 신호를 보내 응답을 받으려면 200년은 기다려야 한다.

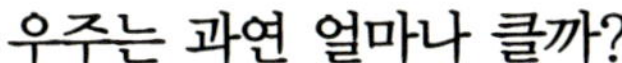

정답:
1. 더 멀다. 6436km 밖에 있어야 한다.
2. 더 오래 걸린다. 시속 88.5km로 달린다면 5200만 년이 걸릴 것이다. 도중에 휴게소에 들르는 시간까지 계산하면 음……
3. 더 오래 걸린다. 2000억 개나 되는 별을 다 세려면 6000년은 걸릴 것이다.
4. 더 오래 걸린다. 우리 은하의 지름은 약 10만 광년에 이른다. 빛의 속도로 가는 전파 신호를 사용한다 하더라도, 응답을 받으려면 20만 년은 기다려야 한다. 물론 외계인이 응답을 할 경우에 말이다.

그러고 보니 정말 우주는 큰 것 같다. 그런데 이것은 시작에 지나지 않는다. 우주에는 1400억 개가 넘는 은하가 널려 있고, 그 중에는 우리 은하보다 훨씬 큰 것도 많으니까. 음, 이제 그만 벌린 입 좀 다물도록……

우주 비행사가 되기 위한 지옥 훈련

엄청나게 큰 우주를 탐사해 보고 싶다고? 훌륭하다! 하지만 각오할 것!
지옥 훈련이 기다리고 있다.

4단계 – 무중량 상태에서 살아가기

무중량 상태는 좋은 점과 나쁜 점이 있다.

· 좋은 점: 공중제비, 공중부양, 거꾸로 서기 등 각종 초능력을 발휘할 수 있다.

· 나쁜 점: 아래 위를 판단하느라 뇌가 혼란스럽다. 그 결과 어지럼증, 땀, 구토 등의 증상이 나타날 수 있다.

· 둥둥 떠다니다 보면 근육과 뼈는 힘을 쓸 일이 없어 오그라든다. 근육과 뼈를 튼튼하게 유지하려면 매일 두 시간 이상 운동을 해야 한다.

· 액체도 둥둥 떠다닐 수 있다. 오줌이나 침이 떠다니는 것을 상상해 보라. 상상이 안 된다고? 그렇다면 실험해 보는 수밖에!

5단계 – 힘든 귀환

얼마 지나지 않아 집에 가고 싶을 것이다. 하기야 금속 상자 속에 갇혀 지루하게 떠다니다 보면 금방 싫증날 법하다. 그러나 여러분의 임무 중에서 가장 어려운 것은 바로 지구로 돌아오는 것! 우주선이 대기에 진입하는 순간, 몹시 빠른 우주선은 공기 분자들과 마찰을 하게 된다. 우주선 앞쪽과 출동한 공기 분자들은 높은 마찰열을 일으키며, 우주선에 불이 나게 한다. 다행히 우주선 바깥에는 열을 막아 주는 타일이 붙어 있어 여러분을 보호해 준다. 만약 그게 없다면, 함께 싣고 간 플러피는 새카맣게 탈 것이다. 물론 여러분도⋯⋯ 그래도 우주 비행사가 되고 싶은가?

요건 몰랐지?

1963년, 우주 비행사 고든 쿠퍼는 우주선을 타고 지구를 22바퀴나 돌았다. 그가 수행한 임무 중의 하나는 자기 오줌을 채집하는 것이었다. 그런데 그만 오줌이 병 밖으로 흘러나와 우주선 안에서 둥둥 떠다녔다고.

천체 관측 경연 대회!

망원경을 얼마나 잘 다룰 수 있는지 증명할 수 있는 절호의 기회가 왔다!

게임 방법

1. 아래 설명을 잘 읽는다.

2. 설명한 천체를 찾아 좌표를 적는다. 예를 들면, 적색 거성은 '1가' 이다.

※주의: 각각의 천체가 둘 이상이 있을 수도 있다!

3. 정답을 확인한다. 행운을 빈다!

천체 설명

1. **적색 거성** 태양과 같은 별이 수소 연료를 모두 소모한 뒤에 크게 팽창하면서 붉은색을 띠게 된 별이다(79쪽 참고).

2. **백색 왜성** 적색 거성이 폭발한 뒤에 남은 것. 우리 태양도 결국 같은 운명을 맞이하게 될 것이다.

3. **적색 왜성** 태양의 1/10만 한 크기의 희미한 별. 센타우루스자리 프록시마별도 적색 왜성이다. 이 곳까지 굳이 5200만 년 동안 자동차를 몰고 갈 이유가 없다.

4. **갈색 왜성** 너무 작아서 별이 되는 데 실패한 천체. 하루 종일 신세 한탄하고 있지 않을까?

5. **초신성** 큰 별이 원자 폭탄 1조 개에 해당하는 폭발을 일으키면서 갑자기 밝아지는 것. 33광년 이내의 거리에 들어 갔다간 X선과 감마선에 구워져 미라처럼 될 것이다. 공포에 떨 것 없다. 우리 근처엔 그런 초신성이 없으니까!

6. **중성자 별** 큰 별이 폭발하고 나면 남은 잔해가 자체 중력 때문에 수축한다. 중성자 별은 중력이 엄청나게 커서 원생 동물조차도 그 별에서는 거대한 유람선 두 척만큼 무겁다. 입 속에 그 원생동물이 들어갔다고 상상해 보라. 헉!

7. **블랙홀** 질량이 태양의 10배가 넘는 별은 폭발한 뒤에 중성자 별에서 끝나지 않는다. 중력으로 우주에 구멍을 만든다. 빛조차 탈출할 수 없기에 이 구멍을 블랙홀이라 부른다. 행성, 별, 위성, 소행성, 우주 비행사의 식량인 맛없는 콩 등등 어떤 것도 블랙홀에 빠져들면 탈출할 수 없다.

8. **퀘이사** 거대한 블랙홀 근처에 은하가 있으면, 별들이 그 속으로 빨려 들어가게 된다. 그러면서 엄청난 열과 폭발이 일어나게 되는데, 이것이 바로 퀘이사이다. 떨 것 없다. 가장 가까이 있는 퀘이사도 수십억 광년 이상 떨어져 있으니까.

9. **은하** 나선처럼 생긴 은하도 있고, 비행접시처럼 생긴 은하(타원 은하)도 있다. 여러분은 나선 은하와 타원 은하를 몇 개나 발견할 수 있을까?

10. **우리 은하** 우리가 살고 있는 은하로, 나선형이다. 지구가 은하의 가장자리에 있기 때문에, 밤하늘에서는 기다란 띠 모양의 은하수로 보인다. 은하 중심에는 블랙홀이 숨어 있는 것으로 보이는데, 우리는 블랙홀에서 2만 5000광년쯤 떨어져 있다.

11. **안드로메다 은하** 나선 은하로, 약 200만 광년 거리에 있으며, 우리 은하를 향해 다가오고 있다. 이 책을 읽는 동안에도 안드로메다 은하는 1000km나 다가왔다. 비명 지를 것 없다! 앞으로 50억 년 안에는 충돌하지 않을 테니까. 또, 설사 우리 은하와 충돌한다 하더라도, 대부분의 별은 별일 없이 그냥 지나갈 것이다 (우주 공간은 대부분 텅 비어 있다고 했지?).

12. **외계인이 사는 행성** 우리 은하의 수많은 행성 중에 외계인이 살고 있다는 증거는 아직 어디에도 없다. 몇몇 과학자는 지능 생명체가 살고 있는 행성은 200광년은 떨어져 있을 거라고 추측한다. 그러니 외계인이 커피를 마시러 지구에 들를 일은 없겠지? 그런데 넓은 우주 공간에서 게으른 덜덜이는 어디에 있을까?

정답:

1. 1가, 7가

2. 7나, 3다, 7마

3. 2가, 4다, 2사, 1사

4. 2바

5. 1다

6. 4가, 1마

7. 1다, 10라, 40나, 9아

8. 3라

9. 3가, 9라, 4바, 10마, 3사, 10사
그리고 게 세개 있다.

10. 5가에서 6사까지 뻗은 띠

11. 9다

12. 6가, 1마, 8바, 게으른 덜덜이는 2나에 있다.

모든 것의 종말

화장실 들를 시간도 없다. 100조 년 후의 미래로 시간 여행을 떠날 것이다.
이제 마지막으로 엄청나게 커진(말로 표현하는 게 불가능하다!) 우주를 방문할 것이다.

콩알만 한 과학자들, 엄청나게
팽창한 미래의 우주를 방문하다

음, 여기가 미래의 우주란 말이지? 그런데 별들은 모두
어디로 갔지? 칠흑같이 어둡고 춥다. 우주가 어마어마
하게 팽창하자, 중력 역시 물질을 뭉치게 하지 못하기
때문에 새로운 별이 태어날 수 없다. 그리고 대부분의
물질은 이미 오래 전에 블랙홀 속으로 빨려들어가고 없
다.

모든 것이 꽁꽁 얼어붙은 이 깜깜한 미래 세계에서 오로지 왜성만이
꺼져 가는 숯불처럼 희미한 빛을 발하고 있다. 정전이 영원히 계속된
다고 상상해 보라. 걱정하기엔 이르다. 그런 일이 닥치려면 아직 시
간이 많이 남았으니까…….

긴급뉴스

우주의 미래에 관한 아주 중요한 소식이 들어
왔다. 이것은 공식적으로 확인된 사실이다. 지
난 수십억 년 동안 우주의 팽창 속도가 점점
빨라져 왔다고 한다!

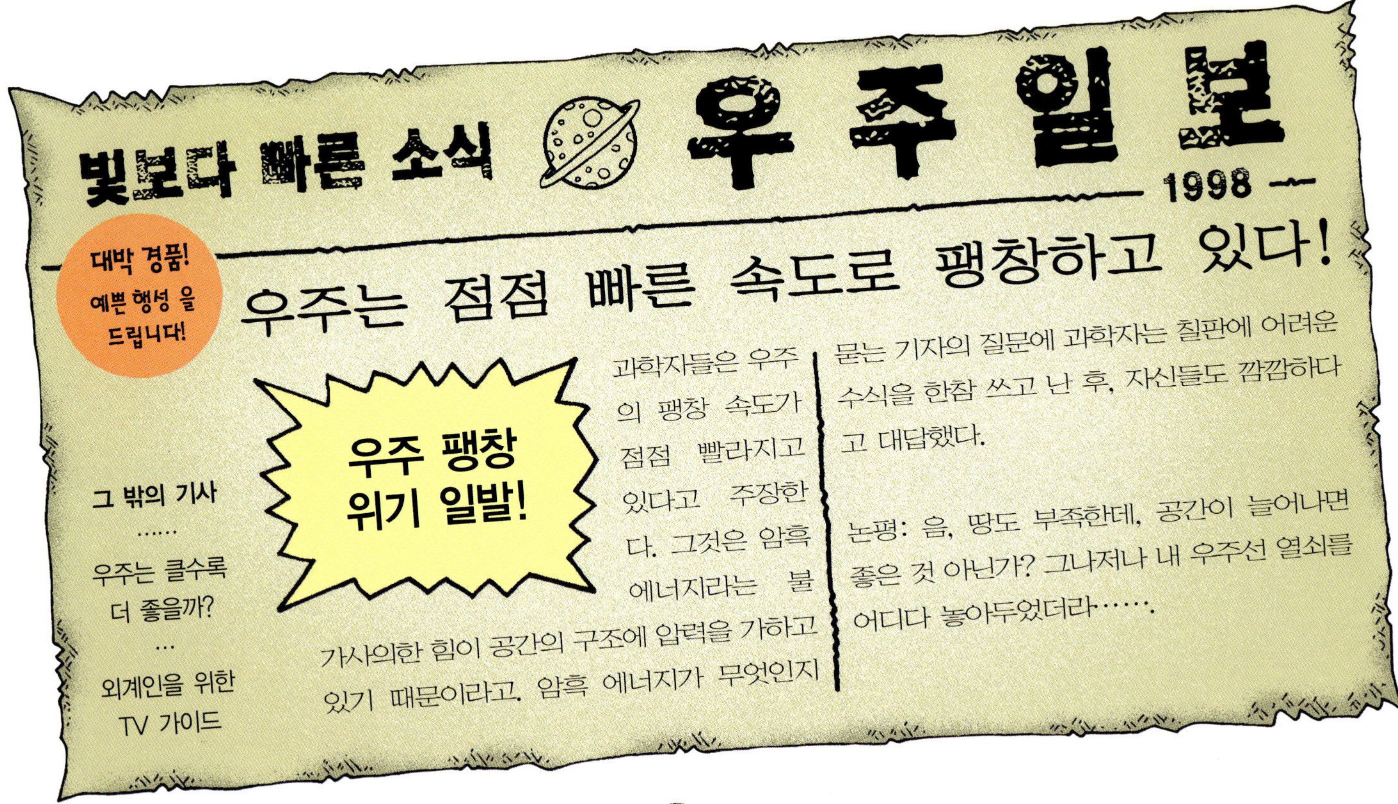

우주가 팽창하면 생명에 어떤 영향을 미칠까? 그 답을 알아보기 위해 특별한 손님을 초대했다. 우리 미래 모습일 수도 있는 깡통 로봇을 소개한다.

『월간 놀라운 과학』 독점 취재

깡통 로봇의 이야기

놀·과:
어때요, 1000억 년 후의 미래는 살 만한가요?

(대답할 만큼 충분한 에너지를 모으느라 100년이 흘렀다.)

놀·과:
『과학, 그 안에 숨은 놀라운 비밀』을 읽으면서 기분 좀 푸세요!

아, 물론 우리가 깡통 로봇으로 진화할지는 확실치 않다. 또, 점점 팽창해 가는 우주에서 우리의 미래가 어떻게 될지도 확실하게 알 수 없다. 과학자들은 그 답을 알아 내기 위해 애쓰고 있다. 하기야 과학자는 모든 것에 대해 답을 알아 내려고 애쓰는 사람들이 아닌가.

지금도 과학자들은 은하와 별과 블랙홀을 관측하며 새로운 행성과 외계 생명체를 찾고 있다. 또, 공룡 뼈를 파 내고, 인체와 미생물·분자·원자·우주의 시작에 관한 비밀을 밝혀 내려고 한다. 그 답들은 바로 저기에 있다. 어디, 어디? 음, 어딘가에 있겠지.

놓치면 후회할 진짜 중요한 사실

이 책을 처음부터 끝까지 다 읽었는가?

하나도 빼놓지 않고 다 읽었다고? 축하한다! 여러분은 다음 자격증을 받을 자격이 있다.

최초의 빅뱅에서 시작해서 거대한 우주의 마지막 순간까지 둘러본 어마어마하게 긴 여행이었다.

이제 편안한 자세로 앉아 맛있는 음료수와 함께 그림 감상을 하면 된다. 전 우주를 통틀어 단 한 명뿐인 과학 전문 화가가 불후의 명작을 완성했다.

고마워요, 화가 양반!

불후의 명작이 여러분에게 온몸으로 말하고 있다. 들리는가? 들리지 않는다면 보아라. 눈을 더 크게 뜨고! 여러분 눈에도 모든 것이 더 큰 어떤 것의 부분이라는 게 보이는가?

- 원자는 분자의 일부가 될 수도 있다.
- 미생물과 세포는 분자로 이루어져 있다.
- 여러분의 몸은 바로 세포로 이루어져 있다!
- 여러분과 나, 그리고 그 밖의 모든 동물과 벌레와 식물은 지구상에 살고 있는 생물을 이루고 있다.
- 지구와 그 밖의 모든 행성과 별들은 믿을 수 없을 정도로 거대한 우주의 일부를 이루고 있다.

또 하나, 아주 작은 것들은 큰 것들 속에서 중요한 역할을 하고 있다.

- 원자와 쿼크가 없다면, 여러분과 나를 비롯해 우주의 모든 것은 존재할 수 없다.
- 원자가 핵융합을 하면서 에너지를 내놓지 않으면 별은 빛을 낼 수 없다.
- 콧물이 줄줄 흐르는 코에서 냄새를 감지하게 해 주는 작은 전자들이 없으면, 가시두더지는 아침으로 먹을 딱정벌레 유충을 찾을 수 없을 것이다.
- 초식 동물은 뱃속에서 소화를 도와주는 세균에게 고맙다고 인사해야 한다.
- 곤충도 나름대로 쓸모가 있다. 쇠똥구리들이 똥을 치워 주지 않으면 물소들은 어떻게 될까? 자기 똥을 뭉개고 다녀야 할 것이다.
- 우리의 몸에게 어떤 모습으로 변해야 할지 지시하는 정보는 DNA에 들어 있다.
- 물론 나쁜 역할도 한다. 세균과 바이러스는 사람을 죽이기도 하니까.

* 프랑슘 원자를 다 찾았는지? 바로 다음 장들에 숨어 있다. p. 18, 20, 27, 34, 38, 42, 47, 50, 54, 58, 61, 63, 68, 72, 74, 77, 82, 85, 90.

이 모든 이야기에는 교훈이 있다. 아무리 작고 겁이 많은 것이라도, 아무리 약하고 하찮은 것이라 하더라도, 아주 중요한 역할을 맡고 있는 것이다. 자세히 들여다보면 모든 것은 서로 연결되어 아주 크고 놀라운 우주를 이루고 있다. 이것이야말로 진짜 중요한 사실이다!

시끌벅적 우주의 역사

약 137억 년 전
빅뱅으로 우주가 탄생하고,
최초의 1초 동안에 흥미로운 물질들이 생겨나다.

10분 후
우주를 이루는 모든 물질이 만들어지다.

약 134억 년 전
오늘날 우주에 존재하는 모든 수소 원자와 대부분의
헬륨 원자가 만들어지다. 그 당시 우주에 존재한 원소는
수소와 헬륨뿐이었다(리튬도 아주 약간 있긴 했다.).

46억 년 전
가스와 먼지 구름에서 태양과 행성들이
만들어지다. 다행히 우리는 행성들과
사이좋게 지내게 되었다.

약 125억 년 전
거대해진 우주에서 은하들이 생겨나기 시작하다.
새로운 은하들의 중심에서는 퀘이사가 폭발하듯이
강한 빛을 뿜어 냈다.

40억 년 전
화성만 한 크기의 행성이 지구와 충돌하다.
지구에서 뜨거운 암석 덩어리가 떨어져 나가 달이 되었다.
지구 역사상 최대의 충돌 사고였다.

10만 년 전

유인원 다음에 나타난 여러 종이
아주 지혜로운 사람으로 진화하다.
(물론 모두 지혜롭진 않겠지?)
아, 여기 진짜로 지혜로운 과학자들이 있다.

1609년

이탈리아 과학자 갈릴레오 갈릴레이가
최초로 태양계를 관측하다.

1687년

아이작 뉴턴이 중력에 관한 연구를
책으로 출판하다.

1858년

찰스 다윈이 진화론을 발표하다.

1905년, 1915년

알베르트 아인슈타인이 시간과 공간, 그리고 에너지와
물질을 이해하다. 정말 대단한 천재야!

1923년, 1929년

에드윈 허블이 우주에 관한
놀라운 발견을 하다.

바로 지금
과학자들은 아직 풀리지 않은
과학의 수수께끼들을 풀고 있다.
뇌는 어떻게 작용하지?
왜 하품을 할까?
저 당근 좀
먹을 수 없을까?
도대체 빅뱅은
왜 일어난 거야?

1만 6000년 후
빙하 시대가 다시 시작되다.
그럼, 학교에 안 가도 되겠지?

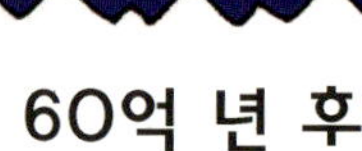
그 때까지 살아남을 거야.

50억 년 후
안드로메다 은하가 우리 은하를 찾아올 것이다.
그 때에는 안드로메다 은하로 휴가를 떠나 볼까?
엄마, 창 밖에
뭐가 보여요?

60억 년 후
태양이 지구를 태워 버리다.
그래도 세상의 종말은 아니니 걱정하지 마라.
헉!
앗 뜨거!
살려줘!

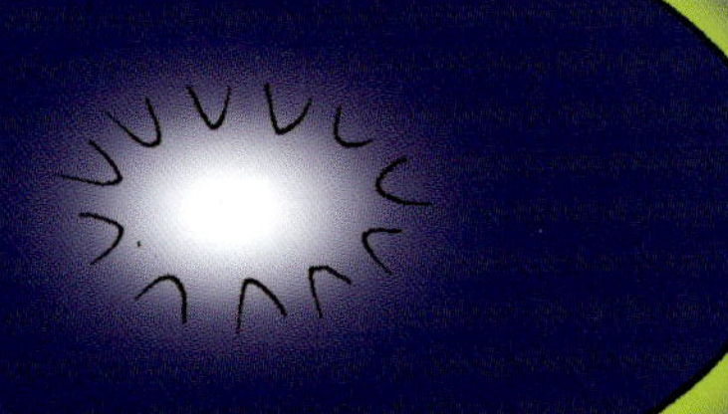
100조 년 후
우주가 마지막 작별 인사를 하지만, 그것을 지켜볼
사람이나 생물이 남아 있을지 모르겠다.

내아 자나!*

*내가 있잖아!